应用型高校产教融合系列教材

大电类专业系列

计算机视觉入门与综合实践案例

栾新源　张荣琪　黄奇志 ◎ 编著

清华大学出版社
北 京

内 容 简 介

本书是针对应用型本科或者职教本科课程偏重应用的特点编写的一本入门级的计算机视觉实践教材。本书介绍 OpenCV、HALCON、VisionMaster 等常用的计算机视觉项目开发环境，讲解基础常用算法并开发配套例程，通过亲自运行修改例程，读者对知识点掌握更加深刻。还提供多个如陶瓷外观缺陷检测、风电桨叶外观缺陷检测、激光充电目标跟踪等具有代表性的综合案例，讲解项目开发基本流程并提供项目程序代码。读者学完本课程后基本能独立完成一般性缺陷检测类项目，成为智能制造技术人才。

图书在版编目（CIP）数据

计算机视觉入门与综合实践案例 / 栾新源，张荣琪，黄奇志编著.
北京 ：清华大学出版社，2025. 1. -- （应用型高校产教融合系列教材）.
ISBN 978-7-302-68081-9

Ⅰ. TP302.7

中国国家版本馆 CIP 数据核字第 20259LR898 号

责任编辑：王　欣
封面设计：何凤霞
责任校对：薄军霞
责任印制：刘海龙

出版发行：清华大学出版社
　　　　　网　　　址：https://www.tup.com.cn，https://www.wqxuetang.com
　　　　　地　　　址：北京清华大学学研大厦 A 座　　邮　　编：100084
　　　　　社 总 机：010-83470000　　　　　　　　邮　　购：010-62786544
　　　　　投稿与读者服务：010-62776969，c-service@tup.tsinghua.edu.cn
　　　　　质量反馈：010-62772015，zhiliang@tup.tsinghua.edu.cn
印 装 者：小森印刷霸州有限公司
经　　销：全国新华书店
开　　本：185mm×260mm　　印　张：9.75　　　　字　　数：234 千字
版　　次：2025 年 1 月第 1 版　　　　　　　　印　　次：2025 年 1 月第 1 次印刷
定　　价：48.00 元

产品编号：109003-01

　　教材是知识传播的主要载体、教学的根本依据、人才培养的重要基石。《国务院办公厅关于深化产教融合的若干意见》明确提出,要深化"引企入教"改革,支持引导企业深度参与职业学校、高等学校教育教学改革,多种方式参与学校专业规划、教材开发、教学设计、课程设置、实习实训,促进企业需求融入人才培养环节。随着科技的飞速发展和产业结构的不断升级,高等教育与产业界的紧密结合已成为培养创新型人才、推动社会进步的重要途径。产教融合不仅是教育与产业协同发展的必然趋势,更是提高教育质量、促进学生就业、服务经济社会发展的有效手段。

　　上海工程技术大学是教育部"卓越工程师教育培养计划"首批试点高校、全国地方高校新工科建设牵头单位、上海市"高水平地方应用型高校"试点建设单位,具有40多年的产学合作教育经验。学校坚持依托现代产业办学、服务经济社会发展的办学宗旨,以现代产业发展需求为导向,学科群、专业群对接产业链和技术链,以产学研战略联盟为平台,与行业、企业共同构建了协同办学、协同育人、协同创新的"三协同"模式。

　　在实施"卓越工程师教育培养计划"期间,学校自2010年开始陆续出版了一系列卓越工程师教育培养计划配套教材,为培养出具备卓越能力的工程师作出了贡献。时隔10多年,为贯彻国家有关战略要求,落实《国务院办公厅关于深化产教融合的若干意见》,结合《现代产业学院建设指南(试行)》《上海工程技术大学合作教育新方案实施意见》文件精神,进一步编写了这套强调科学性、先进性、原创性、适用性的高质量应用型高校产教融合系列教材,深入推动产教融合实践与探索,加强校企合作,引导行业企业深度参与教材编写,提升人才培养的适应性,旨在培养学生的创新思维和实践能力,为学生提供更加贴近实际、更具前瞻性的学习材料,使他们在学习过程中能够更好地适应未来职业发展的需要。

　　在教材编写过程中,始终坚持以习近平新时代中国特色社会主义思想为指导,全面贯彻党的教育方针,落实立德树人根本任务,质量为先,立足于合作教育的传承与创新,突出产教融合、校企合作特色,校企双元开发,注重理论与实践、案例等相结合,以真实生产项目、典型工作任务、案例等为载体,构建项目化、任务式、模块化、基于实际生产工作过程的教材体系,力求通过与企业的紧密合作,紧跟产业发展趋势和行业人才需求,将行业、产业、企业发展的新技术、新工艺、新规范纳入教材,使教材既具有理论深度,能够反映未来技术发展,又具有实践指导意义,使学生能够在学习过程中与行业需求保持同步。

　　系列教材注重培养学生的创新能力和实践能力。通过设置丰富的实践案例和实验项目,引导学生将所学知识应用于实际问题的解决中。相信通过这样的学习方式,学生将更加具备竞争力，成为推动经济社会发展的有生力量。

　　本套应用型高校产教融合系列教材的出版，既是学校教育教学改革成果的集中展示，也是对未来产教融合教育发展的积极探索。教材的特色和价值不仅体现在内容的全面性和前沿性上，更体现在其对于产教融合教育模式的深入探索和实践上。期待系列教材能够为高等教育改革和创新人才培养贡献力量，为广大学生和教育工作者提供一个全新的教学平台，共同推动产教融合教育的发展和创新，更好地赋能新质生产力发展。

朱高峰

中国工程院院士、中国工程院原常务副院长

2024 年 5 月

前言

PREFACE

本书是一本针对应用型本科或职教本科课程偏重应用的特点编写的入门级计算机视觉实践教材。本书介绍 OpenCV、HALCON、VisionMaster 等常用的计算机视觉项目开发环境,讲解基础常用算法并开发配套例程,通过亲自运行修改例程,使读者能够对知识点掌握更加深刻。还提供了多个如陶瓷外观缺陷检测、风电桨叶外观缺陷检测、激光充电目标跟踪等具有代表性的综合案例,讲解项目开发基本流程并提供项目程序代码。读者学习后基本能独立完成一般性缺陷检测类项目,提升智能制造技术水平。

本书例程源代码

本书共 7 章,第 1 章简介计算机视觉发展历史、开发环境;第 2 章介绍计算机视觉要用到的图像基础知识,包含图像定义、颜色空间、图像卷积原理等;第 3 章介绍图像几何变换的知识;第 4 章介绍常用的图形特征检测方法,包含边缘检测、USAN 算子、哈里斯角点检测、霍夫变换、轮廓提取;第 5 章介绍目标图像分割方法及综合示例;第 6 章介绍目标跟踪;第 7 章介绍项目综合案例。

本书主要由电子电气工程学院人工智能产业研究院编写,上海文化广播影视集团有限公司和中国物资再生协会纤维复合材料再生分会参与编写,栾新源等老师编写第 1~7 章,张荣琪、黄奇志等参与编写第 7 章的案例。

感谢上海工程技术大学"应用型高校产教融合系列教材"总编委会、"大电类系列"编委会提供参与编写该系列教材的机会。

由于编者水平有限,书中难免存在疏漏和不足之处,恳请广大读者批评指正。

编 者

2024 年 7 月

目　录

CONTENTS

第1章　计算机视觉概述 / 1

1.1　计算机视觉简介 / 1
1.2　项目开发典型软件环境 / 2
　　1.2.1　OpenCV / 2
　　1.2.2　HALCON / 3
　　1.2.3　VisionMaster / 6
1.3　计算机视觉趣味范例 / 8
1.4　本书构成框架 / 9
习题 / 10

第2章　图像预处理 / 11

2.1　图像基础 / 12
　　2.1.1　图像定义 / 12
　　2.1.2　图像文件格式 / 13
　　2.1.3　颜色空间 / 13
　　2.1.4　像素邻域 / 16
2.2　直方图均衡化 / 16
　　2.2.1　直方图均衡原理 / 16
　　2.2.2　直方图均衡化的缺点 / 16
　　2.2.3　直方图均衡化程序示例 / 16
2.3　图像卷积 / 18
　　2.3.1　卷积原理 / 18
　　2.3.2　卷积运算 / 19
2.4　图像滤波 / 20
　　2.4.1　线性平滑滤波 / 20
　　2.4.2　非线性平滑滤波 / 20

2.4.3　线性锐化滤波 / 20

2.4.4　滤波函数示例 / 21

2.5　图像形态学 / 21

2.5.1　图像膨胀 / 22

2.5.2　图像腐蚀 / 22

2.5.3　开闭运算 / 22

2.5.4　形态学梯度 / 22

2.5.5　图像形态学示例 / 22

2.6　小结 / 24

习题 / 24

第3章　图像几何变换 / 25

3.1　边界链码表达 / 26

3.2　基于曲率的形状分析 / 26

3.2.1　曲率与几何特征 / 26

3.2.2　曲面曲率 / 27

3.3　图像仿射变换 / 27

3.3.1　仿射变换概念 / 27

3.3.2　仿射变换公式 / 27

3.3.3　图像平移及例程 / 28

3.3.4　图像旋转缩放及例程 / 29

3.3.5　图像翻转及例程 / 32

3.3.6　函数直接生成转换矩阵及例程 / 34

3.4　图像透视变换及例程 / 35

3.5　重映射及例程 / 36

3.6　图像缩放 / 38

3.6.1　仿射变换缩放 / 38

3.6.2　resize 函数缩放 / 38

3.6.3　图像金字塔 / 40

3.7　图像翻转 / 43

3.8　小结 / 44

习题 / 44

第4章　基元检测 / 45

4.1　边缘检测 / 46

4.1.1　检测原理 / 46

4.1.2　一阶导数算子 / 46

4.1.3 二阶导数算子 / 47

4.1.4 边缘检测算子比较 / 48

4.1.5 边缘检测示例 / 48

4.2 USAN算子 / 50

4.2.1 USAN 原理 / 50

4.2.2 USAN 算子的特点 / 51

4.3 哈里斯角点检测 / 51

4.3.1 哈里斯角点检测特点 / 51

4.3.2 哈里斯角点检测示例 / 51

4.4 霍夫变换 / 52

4.4.1 霍夫变换检测直线原理 / 52

4.4.2 霍夫变换检测直线示例 / 53

4.4.3 改进霍夫变换检测直线 / 55

4.4.4 改进霍夫变换检测直线示例 / 55

4.4.5 霍夫变换检测圆原理 / 56

4.4.6 改进霍夫变换检测圆 / 57

4.4.7 霍夫变换检测圆示例 / 57

4.5 轮廓提取 / 59

4.5.1 轮廓提取相关函数 / 59

4.5.2 轮廓提取示例 / 60

4.6 小结 / 62

习题 / 62

第5章 图像分割 / 63

5.1 基于边缘的分割方法 / 63

5.2 基于阈值的分割方法 / 63

5.2.1 阈值分割原理与种类 / 63

5.2.2 全局阈值选取 / 64

5.2.3 自动获取阈值 / 65

5.3 米粒图像分割综合示例 / 65

5.3.1 软件环境 / 65

5.3.2 实验1：转灰度图 / 66

5.3.3 实验2：边缘检测与形态学 / 67

5.3.4 实验3：阈值分割 / 70

5.3.5 实验4：米粒计数 / 72

5.4 小结 / 75

习题 / 76

第6章 目标识别与跟踪 / 77

6.1 背景建模 / 78

    6.1.1 建模原理 / 78

    6.1.2 典型背景建模方法 / 78

    6.1.3 高斯混合建模示例 / 78

6.2 粒子滤波器 / 80

6.3 运动光流 / 80

6.4 卷积神经网络 / 81

    6.4.1 卷积操作 / 82

    6.4.2 激活函数 / 82

    6.4.3 池化 / 83

    6.4.4 深度神经网络 / 83

    6.4.5 全连接层 / 83

    6.4.6 卷积神经网络 / 84

6.5 小结 / 84

习题 / 84

第7章 综合实践案例 / 85

7.1 检测盒结果自动读取 / 85

    7.1.1 研究背景 / 85

    7.1.2 软件编写 / 85

    7.1.3 项目总结 / 89

7.2 陶瓷马桶外观缺陷检测 / 89

    7.2.1 总体实施方案 / 89

    7.2.2 开发环境配置 / 90

    7.2.3 VS中设计执行界面 / 93

    7.2.4 基于VM检测缺陷代码设计 / 93

    7.2.5 基于OpenCV检测代码设计 / 96

    7.2.6 检测效果 / 97

    7.2.7 项目总结 / 98

7.3 药瓶激光雕刻编码识别 / 98

    7.3.1 项目背景 / 98

    7.3.2 图像接入 / 99

    7.3.3 图像预处理 / 99

    7.3.4 仿射变换 / 99

    7.3.5 字符识别 / 100

7.3.6 项目效果 / 102

7.3.7 项目总结 / 103

7.4 无人机白激光充电 / 103

7.4.1 项目背景 / 103

7.4.2 YOLOv5 网络 / 103

7.4.3 激光充电系统 / 104

7.4.4 软件系统设计 / 105

7.4.5 软件测试 / 106

7.4.6 软件测试结果分析 / 107

7.4.7 项目代码 / 109

7.4.8 项目总结 / 118

7.5 风机叶片表面缺陷检测 / 119

7.5.1 项目背景 / 119

7.5.2 缺陷种类 / 119

7.5.3 扩充图像数据集 / 119

7.5.4 YOLOv8 算法 / 121

7.5.5 YOLOv8 添加 ECA / 121

7.5.6 检测效果 / 123

7.5.7 项目总结 / 124

7.6 基于视觉的光通信平衡码编解码设计 / 124

7.6.1 项目背景 / 124

7.6.2 光通信平衡码编解码方法 / 125

7.6.3 YOLOv8 识别定位 / 128

7.6.4 图像处理解码 / 129

7.6.5 项目代码 / 132

7.6.6 项目总结 / 137

参考文献 / 138

第1章 计算机视觉概述

1.1 计算机视觉简介

计算机视觉是指对图像、视频、3D点云或多维数据分析得到的特征进行分析,提取场景的语义表示,让计算机或其他计算系统具有人眼和人脑的能力。它涉及多个领域,如图像处理、模式识别、机器学习、深度学习等。

近年来,中国的计算机视觉研究与应用迎来了快速发展时期,涌现出一批如华为海思、海康威视、大华等世界级公司。中国在计算机视觉领域拥有丰富的人才资源和巨大的市场需求,在机器视觉、人脸识别、智能物流、无人驾驶等领域处于世界先进地位。图 1-1 所示为我国月球车涉及的视觉导航。

图 1-1　月球车自主导航

总体来说,计算机视觉技术的发展历程是一个算法不断创新及算力持续提升推动的过程。随着技术的不断进步和应用场景的不断扩展,计算机视觉将会在未来的科技发展中发挥更加重要的作用。

1.2 项目开发典型软件环境

1.2.1 OpenCV

OpenCV(Open Source Computer Vision Library)是一个基于 Apache 2.0 许可(开源)发行的跨平台计算机视觉和机器学习软件库。

OpenCV 主要用于开发图像处理、计算机视觉以及模式识别程序。该软件库的主要特点如下。

(1)编程语言：OpenCV 基于 C++实现，同时提供 Python、Ruby、MATLAB 等语言的接口。OpenCV-Python 是 OpenCV 的 Python API(应用程序编程接口)，结合了 OpenCV C++ API 和 Python 语言的最佳特性。

(2)跨平台：OpenCV 可以在不同的系统平台上使用，包括 Windows、Linux、OS X、Android 和 iOS。

(3)广泛应用：OpenCV 广泛应用于计算机视觉和机器学习领域，包括人脸识别、物体检测、图像分割、运动跟踪等。

OpenCV 有多个版本，每个版本都有一些改进和新特性。

OpenCV 4.x 版带来了更多的新特性和改进，如全新的 ONNX(开放的机器学习模型表示格式)层，大大提高了 DNN(深度神经网络)代码的卷积性能。OpenCV 4.0 引入了大量新功能和改进，包括更好的性能和稳定性，以及一些新的 API 和模块。例如，它引入了改进的 DNN 模块，支持深度学习，还引入了改进的图像处理和计算机视觉算法。此外，OpenCV 4.0 还支持更多种类的 GPU 加速，可提高处理速度。

1. OpenCV 的下载、安装与配置

安装 Python 后，推荐使用 PyCharm 作为代码编辑、调试环境。本书后续 Python 代码皆在 PyCharm 编辑器中编写、调试。

安装 OpenCV 的具体步骤如下。

使用 pip 安装 OpenCV 的 Python 库。在命令行中输入以下命令安装 OpenCV：

```
pip install
opencv - python
```

如果要安装 OpenCV 的完整版，包括额外的功能和算法，可以使用以下命令：

```
pip install
opencv - contrib - python
```

这将安装 OpenCV 及其所有附加组件。

安装完成后，可以在 Python 代码中导入 OpenCV 库，如下所示：

```
import cv2
```

现在就可以使用 OpenCV 的功能处理图像和视频。例如，使用以下代码读取一幅图像并显示：

```
img = cv2.imread('image.jpg')        # 也可以是 BMP 格式
cv2.imshow('Image', img)             # 显示图像
cv2.waitKey(0)  # 按任意键关闭窗口
cv2.destroyAllWindows()  # 关闭所有窗口
```

直接通过 OpenCV 官网下载资源，通常网络速度比较慢。国内有许多可用的 OpenCV 镜像源，例如清华大学开源软件镜像站、阿里云、中国科学技术大学镜像站等。这些镜像源提供了快速下载，并且通常与官方源同步。

要使用 OpenCV 镜像源，需要在安装过程中指定镜像源的 URL（统一资源定位器）。例如，如果使用清华大学的镜像源安装 OpenCV，可以按照以下步骤进行操作。

输入以下命令安装 OpenCV：

```
pip install opencv - python - i https://pypi.tuna.tsinghua.edu.cn/simple
```

上述命令中的-i选项用于指定镜像源的 URL。也可将 https://pypi.tuna.tsinghua.edu.cn/simple 替换为其他镜像源的 URL。使用镜像源可以大大加快 OpenCV 的下载、安装速度，特别是在网络条件不佳的情况下。

其他常用插件介绍如下。

numpy：OpenCV 绑定 Python 时依赖的库，这意味着必须安装 numpy。

Tabnine：用于自动填充代码。

Rainbow Brackets：将括号以不同的颜色标注出来。

Indent Rainbow：为不同层级缩进的空格标注不同的颜色。

此外，可能还需要安装其他一些依赖项，具体取决于应用需求和系统环境。例如，如果需要使用特定的摄像头或传感器，可能需要安装相应的驱动程序或库。

2. OpenCV 官方例程

打开浏览器，访问 OpenCV 官方网站下载例程。完成后，将安装文件（通常是一个压缩文件）解压到选择的目录中。解压文件后，在相应的文件夹中找到"samples"目录，该目录包含 OpenCV 的官方例程。

Canny 边缘检测：例程演示如何使用 Canny 算法进行边缘检测。

霍夫直线变换：例程演示如何使用霍夫变换检测图像中的直线。

特征匹配：例程演示如何使用特征匹配算法在两幅图像之间进行特征匹配。

摄像头标定和三维重建：例程演示如何使用 OpenCV 进行摄像头标定和三维重建。

目标跟踪：例程演示如何进行目标跟踪，如使用 MeanShift（均值漂移）算法。

图像拼接：例程演示如何使用 OpenCV 进行图像拼接，如全景图像拼接。

OCR（光学字符识别）：例程演示如何使用 OCR 引擎进行光学字符识别。

动态分析：例程演示如何使用 OpenCV 进行动态分析，如运动跟踪和光流法。

1.2.2 HALCON

HALCON 是一款由德国 MVTec 公司开发的机器视觉软件，广泛应用于自动化技术、质量检验、医疗分析和工业测量等领域。该软件以强大的图像处理和分析能力著称，提供一

系列复杂的算法支持,包括 2D 和 3D 图像分析、机器学习以及深度学习功能,如物体识别、缺陷检测、光学字符识别(OCR)和条形码读取。它通过一个名为 HDevelop 的集成开发环境,允许用户以视觉方式创建和测试图像分析程序,同时支持 C、C++、C♯ 和 Python 等编程语言,为用户提供极大的灵活性。Halcon 的另一个特点是其高度的可扩展性和兼容性,支持常见厂家的工业相机和 3D 传感器。

1. HALCON 下载与安装

进入 HALCON 中文官网下载界面,如图 1-2 所示,选择需要的版本及深度学习工具下载。

点击这里下载您的软件

下载 HALCON
MVTec HALCON 是一款综合性的机器视觉标准软件,拥有全球通用的集成开发环境 (HDevelop)。

下载 MERLIC
MVTec MERLIC 是一款一体化软件产品,无需编程即可快速构建机器视觉应用。

下载 深度学习工具
深度学习工具-为你的数据贴标签的简单而直观的解决方案。

图 1-2　HALCON 中文官网下载界面

例如,下载 HALCON 22.11 的安装包压缩文件,并解压到 HALCON-22.11.0.0-x64-win64 文件夹,右击 som.exe 文件,选择以管理员身份运行。单击右上角环境按钮,设置程序和数据路径(建议选择 D 盘)。

组件选择:选择安装包,建议选择全部,如图 1-3 所示。

图 1-3　安装组件

许可协议:单击接受。

安装证书:将下载好的证书复制到"…\\HALCON-XX.XX-Progress\\license"文件夹

下即可,图 1-4 所示,授权激活完成,软件可正常使用。正式 license(许可证书)需要购买,如图 1-4 所示为试用版 license。MVTec 每月释放一次试用 license,可从 CSDN 等网站获取。

图 1-4　license 路径

2. HALCON 官方例程

启动软件后,如图 1-5 所示,在文件菜单下可看到示例程序(快捷键 Ctrl+E)。

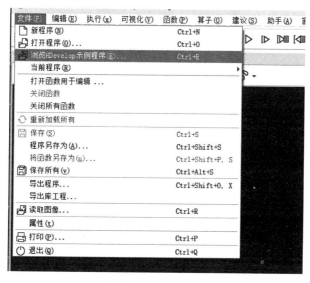

图 1-5　示例程序

图 1-6 是关于光学字符识别的实例程序(以下简称"例程")。

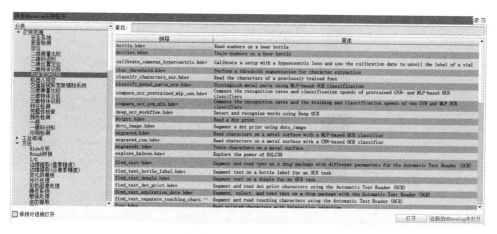

图 1-6　丰富的实例程序

1.2.3 VisionMaster

中国海康威视(Hikvision)开发的 VisionMaster(简称 VM)软件是一款功能强大的机器视觉软件,专为工业自动化和智能检测应用设计。VM 提供了丰富的视觉工具和算法,能够满足各种复杂的视觉检测需求,广泛应用于制造、电子、半导体、食品和饮料等行业,成为工业自动化和智能检测领域的重要工具。

1. VisionMaster 下载与安装

安装包可从官网下载,如图 1-7 所示,单击选择"服务支持→下载中心→软件"。

图 1-7　VM 下载

如图 1-8 所示,从"类型"下拉菜单中选择"平台",下载 VM 基础安装包、深度学习安装包、VM 示例程序。

图 1-8　VM 下载界面

如图 1-9 所示,在"安装选项"加密方式中选择软加密或者加密狗。软加密有试用版,正式版或者加密狗需要购买。

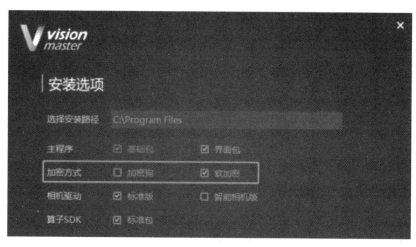

图 1-9　加密方式

2. VisionMaster 官方例程

在 VM 主菜单的"文件"中单击"打开示例"即可看到例程；V 学院提供了大量学习视频，对入门用户非常友好；V 社区提供了交流学习空间以及竞赛方案。

VM 算法开发平台提供了完全图形化的交互界面，如图 1-10 所示，功能图标直观易懂，简单好用的交互逻辑以及拖拽式操作能够快速搭建视觉方案。软件优秀的交互和视觉效果设计，出众的用户体验，吸引了大量行业用户。

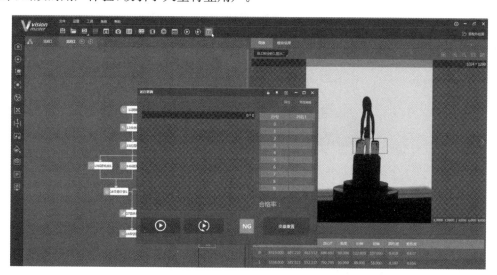

图 1-10　打开示例及拖拽式开发

VM 算法开发平台配备了高性能深度学习算法，经过大量案例验证、优化后的算法对常见检测品都有良好的适应性。深度学习算法提供了图像分割、分类，模板检测，字符定位与识别，图像检索，异常检测等算法模块；还提供了独立训练工具进行图像打标训练，可高效完成深度学习模块的应用。

1.3 计算机视觉趣味范例

　　下面的 Python 例程使用颜色直方图匹配器进行目标跟踪。它首先读取一个视频文件,然后创建一个颜色直方图匹配器。在循环中,它读取每一帧,计算颜色直方图匹配,并进行目标跟踪。如果跟踪成功,则在窗口中绘制一个矩形表示目标,如图 1-11 所示。最后释放资源并关闭窗口。可以根据实际情况修改颜色直方图的阈值和跟踪窗口的大小等参数以适应不同的应用场景。

彩图 1-11

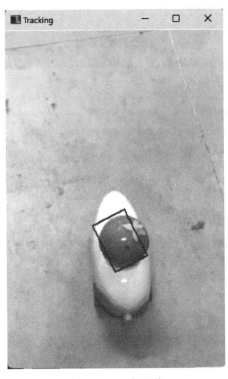

图 1-11　颜色跟踪

例程 1-1　颜色目标跟踪

```
import cv2
import numpy as np
# 打开视频文件
cap = cv2.VideoCapture('video.mp4')
# 读取视频的第一帧
ret, frame = cap.read()
# 将图像从 BGR 颜色空间转换到 HSV 颜色空间
hsv = cv2.cvtColor(frame, cv2.COLOR_BGR2HSV)
# 创建一个掩码,筛选出特定 HSV 值范围内的区域
# 设置 HSV 的范围以识别橙色
# H: 5~17 (橙色到黄色的范围)
# S: 100~255 (排除较低的饱和度,避免灰色地板干扰)
# V: 50~255 (亮度不要太低,以避免在非常暗的区域误识别)
```

```
mask = cv2.inRange(hsv, np.array([5, 100, 50]), np.array([17, 255, 255]))  # 根据掩码计算
HSV 图像色调(H 通道)的直方图
hist = cv2.calcHist([hsv], [0], mask, [180], [0, 180])
# 归一化直方图,使其范围为 0~255
cv2.normalize(hist, hist, 0, 255, cv2.NORM_MINMAX)
# 设置初始跟踪窗口的位置和大小
track_window = (0, 0, frame.shape[1], frame.shape[0])
# 循环读取视频帧
while True:
    ret, frame = cap.read()
    if not ret:
        break
    # 转换颜色空间
    hsv = cv2.cvtColor(frame, cv2.COLOR_BGR2HSV)
    # 计算反向投影
    dst = cv2.calcBackProject([hsv], [0], hist, [0, 180], 1)
    # 应用 CamShift 算法进行目标跟踪
    ret, track_window = cv2.CamShift(dst, track_window, (cv2.TERM_CRITERIA_EPS | cv2.TERM_
CRITERIA_COUNT, 10, 1))
    # 获取旋转矩形的 4 个顶点
    pts = cv2.boxPoints(ret)
    pts = np.int0(pts)
    # 在图像上绘制轮廓
    cv2.polylines(frame, [pts], True, 255, 2)
    # 显示跟踪结果
    cv2.imshow('Tracking', frame)
    # 按'q'键退出循环
    if cv2.waitKey(30) & 0xFF == ord('q'):
        break
# 释放视频资源并关闭窗口
cap.release()
cv2.destroyAllWindows()
```

1.4 本书构成框架

本书共 7 章,各章内容如图 1-12 所示,具体安排如下。

第 1 章,简介计算机视觉发展历史、开发环境及趣味范例,让读者有一个初步的学习轮廓。

第 2 章和第 3 章的知识在图像预处理阶段都会用到。

第 2 章,介绍计算机视觉要用到的图像基础知识,包含图像定义、颜色空间、图像卷积原理等。还介绍直方图均衡化、图像滤波、图像形态学图像预处理方法。

第 3 章,介绍图像几何变换的知识;介绍仿射变换中通过自定义转换矩阵及用函数生成转换矩阵两种方式实现平移、旋转、缩放、翻转;介绍透视变换和重映射;介绍实现图像缩放、翻转的其他 3 种函数。

第 4 章,介绍常用的图形特征检测方法,包含边缘检测、USAN 算子、哈里斯角点检测、霍夫变换、轮廓提取。

学习完第 2～4 章的知识后,可具备将感兴趣区域从图像中分割出来的能力。

第 5 章,介绍目标图像分割方法及综合示例。

第 6 章,进一步介绍目标跟踪。

第 7 章,介绍项目综合案例。

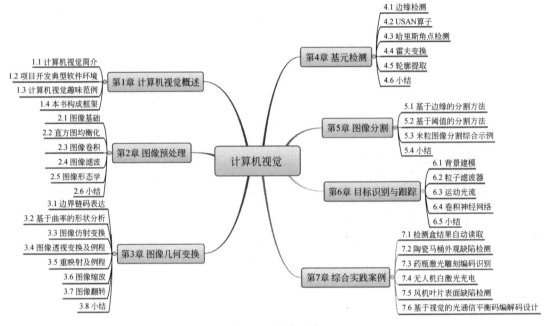

图 1-12　各章内容

习题

1.1　计算机视觉有哪些应用领域?

1.2　计算机视觉项目开发用到的典型软件有哪些?

第2章 图像预处理

本章主要介绍计算机视觉要用到的图像基础知识,如图 2-1 所示,包含图像定义、图像文件格式、颜色空间、像素邻域、图像卷积原理等。还介绍图像预处理方法,包含直方图均衡化、图像滤波、图像形态学。本章是计算机视觉课程中需要重点掌握的知识。

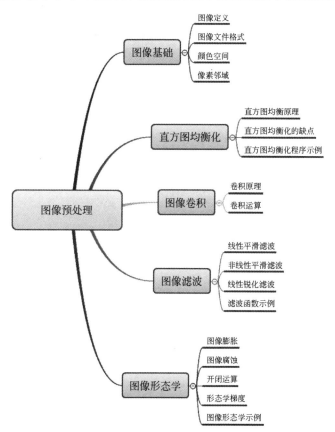

图 2-1　图像预处理基础知识

2.1 图像基础

2.1.1 图像定义

1. 模拟图像

模拟图像(analog image)是指用模拟信号表示的图像,它与数字图像相对。在模拟图像中,图像信息是通过连续变化的信号表示的,而不是通过离散的数字值。以下是模拟信号图像的一些关键特点。

(1) 连续性:模拟图像的信号是连续的,没有像素的概念,图像的亮度和颜色信息通过信号的强度连续变化表示。

(2) 无量化误差:由于信号是连续的,模拟图像没有数字图像中的量化误差,理论上可以提供无限的分辨率。

(3) 易受干扰:模拟信号容易受到噪声和干扰的影响,导致图像质量下降。

(4) 不易存储和传输:与数字信号相比,模拟信号不易长期存储和远距离传输,因为信号会随着距离的增加而衰减。

(5) 处理复杂:模拟图像的处理通常需要专门的硬件,如模拟电路,这使处理过程比数字图像更复杂、昂贵。

(6) 应用领域:模拟图像主要应用于传统的电视广播、视频监控和一些医学成像技术(如 X 光片)等领域。

2. 数字图像

数字图像(digital image)是通过将模拟图像数字化得到的图像或者由数字化设备创建的图像,如图 2-2 所示,图像中的 1 个像素(pixel)一般包含 3 个子像素(sub-pixel),由一系列数值表示,包含颜色和亮度信息。数字图像可以是二维的,也可以是三维的(如 TIFF 图)。

彩图 2-2

B	G	R	B	G	R	B	G	R
0	0	255	0	128	255	255	128	0
0	0	255	0	128	255	255	128	0
0	0	255	0	128	255	255	128	0

图 2-2　数字图像子像素值与颜色

数字图像的基本属性如下。

(1) 分辨率:由图像中的像素数量决定,通常以水平像素×垂直像素(如 1920×1080)表示。

(2) 颜色深度:决定每个像素可以表示的颜色数量,常见的有 8 位、16 位、24 位或 32 位。例如,8 位图像可以表示 256 种颜色,而 24 位图像可以表示 1600 万种以上的颜色。

(3) 颜色空间:图像中使用的颜色模型,如 RGB(红、绿、蓝)、CMYK(青色、品红、黄色、黑色)或灰度。

(4) 压缩:为减少存储空间、加快传输速度,数字图像经常使用各种压缩算法,如

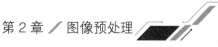

JPEG、PNG、GIF 等。

（5）文件格式：存储图像数据的文件类型，如 JPEG、PNG、BMP、TIFF 等。

2.1.2 图像文件格式

1. BMP 格式

BMP（全称 bitmap）是 Windows 操作系统中的标准图像文件格式，可以分为两类：设备相关位图（DDB）和设备无关位图（DIB），应用非常广。采用位映射存储格式，除了图像深度可选以外，不进行其他任何压缩，因此，BMP 文件所占的空间很大。BMP 文件的图像深度可选 1b、4b、8b 及 24b。BMP 文件存储数据时，图像的扫描方式按照从左到右、从下到上的顺序。

2. GIF 格式

GIF 是图形交换格式（graphics interchange format）的简称。GIF 的图像深度从 1b 到 8b，即 GIF 最多支持 256 种色彩的图像。GIF 格式的另一个特点是在一个 GIF 文件中可以存储多幅彩色图像，如果把存储于一个文件中的多幅图像数据逐幅读出并显示到屏幕，就可构成一种最简单的动画。由于其具有压缩比高、解码速度快、支持透明背景和动画效果等优点，在网络和多媒体中得到广泛应用。

3. TIFF 格式

TIFF（tag image file format）是一种灵活的位图格式，主要用于存储包括照片和艺术图在内的图像。最初由 Aldus 公司与微软公司一起为 PostScript 打印开发。TIFF 与 JPEG 和 PNG 一起成为流行的高位彩色图像格式。TIFF 格式在业界得到了广泛的支持，桌面印刷和页面排版应用，扫描、传真、文字处理、光学字符识别和其他一些应用等都支持这种格式。

4. JPEG 格式

JPEG（joint photographic experts group）是一种有损压缩的图像文件格式。这种格式的文件扩展名为 .jpg 或 .jpeg。

JPEG 是一种广泛应用于静态图像压缩的标准，特别适用于连续色调静态图像的压缩。它采用预测编码、离散余弦变换（DCT）以及熵编码等联合编码方式，去除冗余的图像和彩色数据，在较小的储存空间内一定程度地损失图像数据。其压缩比率通常为 10～40 倍，压缩比越大，图像品质越低。

5. PNG 格式

PNG（portable network graphics）是一种采用无损压缩算法的位图格式，其设计目的是替代 GIF 和 TIFF 文件格式，同时增加一些 GIF 文件格式不具备的特性。PNG 格式支持索引、灰度、RGB 三种颜色方案以及 Alpha 通道等特性，并具有透明背景。它还支持 Gamma 校正和 16 位通道，可以在不同的系统和应用程序中保持一致的颜色与亮度。

2.1.3 颜色空间

图像颜色空间，也称为彩色模型或彩色空间，是描述和表示图像中颜色的一种方式。它是一种坐标系统和子空间的阐述，每种颜色在颜色空间中由单个点表示。采用的大多数颜色模型都是面向硬件或面向应用的。在计算机图像处理和相关领域中，有多种常用的颜色空间，包括 RGB、HSV/HSL、YUV 等。

1. RGB 颜色空间

RGB(red,green,blue)颜色空间是最常见的面向硬件设备的彩色模型,如图 2-3 所示。它与人的视觉系统紧密相连,根据人眼的结构,所有的颜色都可以看作三种基本颜色——红色、绿色和蓝色的不同比例的组合。在 RGB 颜色空间中,每幅图像包括三个独立的基色子图像,每种颜色的亮度用 0~255 表示。通过改变这三种颜色通道的值及其之间的叠加,可以得到超过 1670 万种颜色。

彩图 2-3

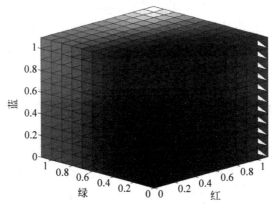

图 2-3 RGB 颜色空间

24 位数字图像按 B、G、R 顺序存储三个分量,B、G、R 三个分量值不同,就会显示不同的色彩。

图像矩阵从左上角开始,左上角是(0,0)位置,向右是 X 坐标,向下是 Y 坐标,X 坐标对应图像的列,也就是图像的宽度;Y 坐标对应图像的行,也就是图像的高度。

2. HSV 和 HSL 颜色空间

这两种颜色空间更接近人对颜色的感知方式。HSV(hue,saturation,value)代表色调、饱和度与亮度,而 HSL(hue,saturation,lightness)代表色调、饱和度与明度,如图 2-4所示。

彩图 2-4

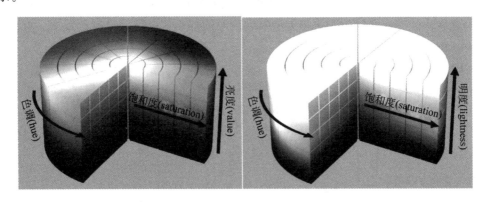

图 2-4 HSV 和 HSL 颜色空间

HSV 颜色空间是为了更好地数字化处理颜色而提出的。在 HSV 颜色空间下,比在BGR 颜色空间下更容易跟踪某种颜色的物体,常用于分割指定颜色的物体。

Hue 用角度度量,取值范围为 0~360°,表示色彩信息,即所处的光谱颜色的位置。表

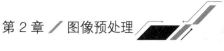

示如下。

颜色圆环上所有的颜色都是光谱上的颜色,从红色开始按逆时针方向旋转,Hue＝0 表示红色,Hue＝120 表示绿色,Hue＝240 表示蓝色,等等。

在 RGB 中,颜色由三个值共同决定,比如黄色为(255,255,0);在 HSV 中,黄色只由一个值决定,Hue＝60 即可。

其中,水平方向表示饱和度,饱和度表示颜色接近光谱色的程度。饱和度越高,说明颜色越深,越接近光谱色;饱和度越低,说明颜色越浅,越接近白色。饱和度为 0 表示纯白色。取值范围为 0～100%,值越大,颜色越饱和。

垂直方向表示明度,决定颜色空间中颜色的明暗程度,明度越高,表示颜色越明亮,范围是 0～100%。明度为 0 表示纯黑色(此时颜色最暗)。在 Hue 一定的情况下,饱和度减小,就是向光谱色中添加白色,光谱色所占的比例也会减小,饱和度减为 0,表示光谱色所占的比例为零,导致整个颜色呈现白色。明度减小,就是向光谱色中添加黑色,光谱色所占的比例也会减小,明度减为 0,表示光谱色所占的比例为零,导致整个颜色呈现黑色。

3. XYZ 颜色空间

国际照明委员会(CIE)进行了大量正常人视觉测量和统计,1931 年建立了"标准色度观察者",从而奠定了现代 CIE 标准色度学的定量基础。由于"标准色度观察者"用于标定光谱色时会出现负刺激值,计算不便,也不易理解,因此 1931 年 CIE 在 RGB 系统基础上,改用三种假想的原色 X、Y、Z 建立了一个新的色度系统,叫作"CIE1931 标准色度系统"。CIE XYZ 颜色空间稍加变换就可得到 Yxy 色彩空间,其中 Y 取三刺激值中 Y 的值表示亮度,x、y 反映颜色的色度特性。但是,在这一空间中,两种不同颜色间的距离值并不能正确地反映人们色彩感觉差别的大小,也就是说,在 CIE Yxy 中,不同位置不同方向上颜色的宽容量是不同的,这就是 Yxy 颜色空间的不均匀性。这一缺陷的存在,导致在 Yxy 及 XYZ 空间不能直观地评价颜色。

4. CMYK 颜色空间

CMYK(cyan,magenta,yellow,black)颜色空间应用于印刷工业。印刷业通过青(C)、品(M)、黄(Y)三原色油墨的不同网点面积率的叠印表现丰富多彩的颜色和阶调,这便是三原色的 CMY 颜色空间。实际印刷中,一般采用青(C)、品(M)、黄(Y)、黑(BK)四色印刷,在印刷的中间色调至暗色调间增加黑色,这种模型称为 CMYK。

5. YUV 颜色空间

在现代彩色电视系统中,通常采用三管彩色摄像机或彩色 CCD(电荷耦合器件)摄像机,它把摄得的彩色图像信号,经分色、分别放大校正得到 RGB,再经过矩阵变换电路得到亮度信号 Y 和两个色差信号 $R\text{-}Y$、$B\text{-}Y$,最后发送端将亮度和两个色差信号分别进行编码,用同一信道发送出去。这就是我们常用的 YUV 色彩空间。采用 YUV 色彩空间的重要性在于它的亮度信号 Y 和色度信号 U、V 是分离的。如果只有 Y 信号分量而没有 U、V 分量,那么这样表示的图就是黑白灰度图。彩色电视采用 YUV 空间正是为了用亮度信号 Y 解决彩色电视机与黑白电视机的兼容问题,使黑白电视机也能接收彩色信号。当白光的亮度用 Y 表示时,它与红、绿、蓝三色光的关系可用下式描述:$Y=0.3R+0.59G+0.11B$,这就是常用的亮度公式。

6. 颜色空间相互转换 OpenCV 函数

将图像转换为 HSV 色彩空间：

```
hsv_image = cv2.cvtColor(image, cv2.COLOR_BGR2HSV)
```

再将 HSV 图像转换回 BGR 色彩空间：

```
bgr_image_eq = cv2.cvtColor(hsv_image_eq, cv2.COLOR_HSV2BGR)
```

2.1.4　像素邻域

（1）邻域像素：像素 p 周围最邻近的像素，称为邻域像素。

（2）像素之间的邻接性。

4 邻域：像素 p 的坐标是 (x,y)，那么它的 4 邻域坐标 N_4 是 $(x+1,y)$、$(x-1,y)$、$(x,y+1)$、$(x,y-1)$。

对角邻域：点 p 的对角邻域像素坐标 N_D 为 $(x+1,y+1)$、$(x+1,y-1)$、$(x-1,y+1)$、$(x-1,y-1)$。

8 邻域：$N_D+N_4=N_8$。

2.2　直方图均衡化

2.2.1　直方图均衡原理

直方图均衡化的基本思想是把原始图的直方图变换为在整个灰度范围内均匀分布的形式，以增加像素灰度值的动态范围，从而达到增强图像整体对比度的效果。

直方图均衡化是一种简单、有效的图像增强技术，通过改变图像的直方图改变图像中各像素的灰度，主要用于增强动态范围偏小的图像对比度。由于原始图像灰度分布可能集中在较窄的区间，造成图像不够清晰。例如，过曝光图像的灰度级集中在高亮度范围内，而曝光不足将使图像灰度级集中在低亮度范围内。

直方图均衡化的基本原理是：对在图像中像素数多的灰度值（对画面起主要作用的灰度值）进行展宽，而对像素数少的灰度值（对画面不起主要作用的灰度值）进行归并，从而增大对比度，使图像清晰。如图 2-5 所示，左图为原始图像，右图为直方图均衡化后的图像。

2.2.2　直方图均衡化的缺点

如果一幅图像整体偏暗或者偏亮，那么直方图均衡化的方法很适用。但直方图均衡化是一种全局处理方式，它对处理的数据不加选择，可能会增加背景干扰信息的对比度并降低有用信号的对比度（如果图像某些区域对比度很高，而另一些区域对比度不高，采用直方图均衡化就不一定适用）。此外，均衡化后图像的灰度级减少，某些细节将消失；某些图像（如直方图有高峰）经过均衡化后对比度不自然地过分增强。

2.2.3　直方图均衡化程序示例

以下是灰度图直方图均衡化的一个 Python 示例，展示了如何使用 OpenCV 的

cv2.equalizeHist()函数对图像进行直方图均衡化。

例程 2-1 灰度图直方图均衡化

```
import cv2
# 读取图像
image = cv2.imread('image3.2.3.jpg', cv2.IMREAD_GRAYSCALE)
# 进行直方图均衡化
equ_image = cv2.equalizeHist(image)
# 显示原始图像和均衡化后的图像
cv2.imshow('Original Image', image)
cv2.imshow('Equalized Image', equ_image)
# 等待用户按键退出
cv2.waitKey(0)
cv2.destroyAllWindows()
```

这段代码首先导入必要的库,然后读入一个灰度图像。如果图像成功加载,它将使用cv2.equalizeHist()函数进行直方图均衡化。然后,它将显示原始图像和均衡化后的图像,如图 2-5 所示,并等待用户按键操作后退出。显然,偏暗的原始图像均衡化后效果更好。

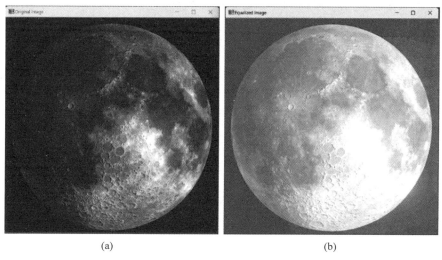

图 2-5 直方图均衡化效果

(a) 原始图像;(b) 均衡化后的图像

如果想要对彩色图像进行直方图均衡化,可以对每个颜色通道分别进行均衡化,如以下例程所示。

例程 2-2 彩色图像直方图均衡化

```
import cv2
# 读取图像
image = cv2.imread('image3.2.3.jpg')
# 将图像转换为 HSV 色彩空间
hsv_image = cv2.cvtColor(image, cv2.COLOR_BGR2HSV)
# 分离 HSV 图像的各个通道
h, s, v = cv2.split(hsv_image)
# 对 V 通道进行直方图均衡化
equ_v = cv2.equalizeHist(v)
```

```
# 合并均衡化后的 V 通道回到 HSV 图像
hsv_image_eq = cv2.merge([h, s, equ_v])
# 将均衡化后的 HSV 图像转换回 BGR 色彩空间
bgr_image_eq = cv2.cvtColor(hsv_image_eq, cv2.COLOR_HSV2BGR)
# 显示原始图像和均衡化后的图像
cv2.imshow('Original Image', image)
cv2.imshow('Equalized Image', bgr_image_eq)
# 等待用户按键退出
cv2.waitKey(0)
cv2.destroyAllWindows()
```

在这个 Python 示例中,首先将原始图像(图 2-6(a))转换为 HSV 色彩空间,其次对 V(value,亮度)通道进行直方图均衡化,最后将结果转换回 BGR 色彩空间(图 2-6(b)),原来偏暗的图像经过均衡化后图像细节更清晰。这种方法在某些情况下可以提供比在 BGR 空间直接进行均衡化更好的视觉效果。

彩图 2-6

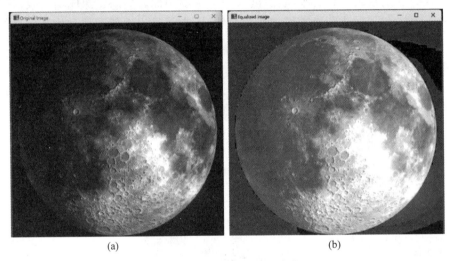

(a)   (b)

图 2-6 彩色图直方图均衡化
(a) 原始图像;(b) 均衡化后的图像

2.3 图像卷积

2.3.1 卷积原理

卷积模板(mask),又称卷积核(kernel)、滤波器或算子。卷积核是一个小的矩阵,通常为二维(2D),用于与图像进行卷积运算,以产生新的图像或特征图。

图像卷积是指一个卷积模板和另一个待处理图像矩阵进行卷积,卷积模板的锚点(中心点)对准待处理矩阵元素,卷积模板整体覆盖在待处理矩阵上面。然后计算被覆盖的元素值与卷积模板中值的乘积,再相加求和。将这个和赋给当前元素,就是卷积的过程。

假设有待处理矩阵 src,模板是 kernel。

$$\mathrm{dst}(x,y) = \sum_{\substack{0 \leqslant i < \mathrm{kernel.cols} \\ 0 \leqslant j < \mathrm{kernel.rows}}} \mathrm{kernel}(i,j) * \mathrm{src}(x+i-\mathrm{anchor}.x, y+j-\mathrm{anchor}.y) \quad (2\text{-}1)$$

anchor(x,y)是卷积模板(kernel)锚点(中心点)在待处理矩阵 src 上的坐标。

图像卷积模板的特点如下。

(1) 卷积模板像素数一般是奇数,按照核中心对称,一般是 3×3、5×5 或者 7×7。中心到边称为半径,例如 5×5 大小的核的半径就是 2。

(2) 为了与原始图像的亮度保持大体一致,模板所有的元素之和一般等于 1。相对地,如果模板所有元素之和大于 1,那么卷积后的图像就会比原图像亮;反之,如果小于 1,那么得到的图像就会变暗。

(3) 卷积运算后,可能出现负数或者大于 255 的数值,直接截断到 0~255 即可。对于负数,也可以取绝对值。

2.3.2 卷积运算

假设卷积模板 kernel 如图 2-7 所示。

待处理矩阵 src 如图 2-8 所示。

求 kernel ∗ src,步骤如下。

(1) 将卷积模板旋转 180°,如图 2-9 所示。

图 2-7　卷积模板 kernel　　图 2-8　待处理矩阵 src　　图 2-9　卷积模板旋转 180°

(2) 将卷积模板 kernel 的中心对准 src 的第一个元素,然后 kernel 与 src 重叠的元素相乘,kernel 中不与 src 重叠的地方用 0 代替,再将相乘后 kernel 对应的元素相加,得到结果矩阵中 dst 的第一个元素。如图 2-10 所示。

所以结果矩阵中的第一个元素 $dst(0,0)=-1\times0+(-2)\times0+(-1)\times0+0\times0+0\times1+0\times2+1\times0+2\times5+1\times6=16$。

(3) src 中的每个元素都用这样的方法计算,得到的卷积结果矩阵如图 2-11 所示。

图 2-10　卷积运算　　　　　　　　图 2-11　卷积结果矩阵

实际应用中,负数截止为 0。平滑、模糊、锐化、去噪、边缘提取等工作都可以通过卷积操作完成。

2.4 图像滤波

图像滤波是指在尽量保留图像细节特征的条件下,改善图像质量、去除噪声或实现特定效果。

2.4.1 线性平滑滤波

OpenCV 线性平滑滤波包括均值滤波、高斯滤波、方框滤波三种。

1. 均值滤波(mean filtering)

系数均为正值,接近模板中心的系数比较大,而模板边界附近的系数比较小。通过将每个像素的值替换为其邻域内像素值的平均数减少噪声。实现简单,但可能会模糊图像细节。

cv2. blur():对图像进行均值滤波,去除噪声。它使用一个滑动窗口,计算窗口内所有像素值的平均数。

2. 高斯滤波(Gaussian filtering)

使用高斯函数作为权重计算邻域内像素的平均值。比均值滤波更平滑,常用于减少图像噪声。

cv2. GaussianBlur():使用高斯权重的均值滤波器,对图像进行平滑处理。

3. 方框滤波(box filter)

cv2. boxFilter():实现简单的方框滤波器,可以作为均值滤波器使用。

2.4.2 非线性平滑滤波

OpenCV 非线性平滑滤波包括中值滤波和双边滤波两种。

1. 中值滤波(median filtering)

用一个窗口内所有像素值的中值替换窗口中心的像素值。对于去除椒盐噪声(salt-and-pepper noise)特别有效,且能保留图像细节。

cv2. medianBlur():使用中值代替均值以减少噪声。

中值滤波可通过如下步骤完成。

(1) 使模板在图中漫游,并将模板中心与图中某个像素位置重合。

(2) 读取模板覆盖下的目标图像像素的灰度值。

(3) 将这些灰度值从小到大排成一列。

(4) 找出这些灰度值中排在中间的一个。

(5) 将这个中间值赋给对应模板中心位置的像素。

2. 双边滤波(bilateral filtering)

cv2. bilateralFilter():在保留边缘信息的同时减少噪声,通过像素的强度和空间邻近度计算权重。

2.4.3 线性锐化滤波

利用求导的方法可以对图像进行锐化滤波。线性锐化滤波的模板仅中心系数为正,周围的系数均为负值。典型的拉普拉斯(Laplacian)模板如图 2-12 所示。

−1	−1	−1
−1	8	−1
−1	−1	−1

图 2-12 拉普拉斯模板示例

cv2.Laplacian()：用于图像锐化和边缘检测，计算图像的二阶导数。

2.4.4 滤波函数示例

以下是使用 OpenCV 进行平滑滤波的 Python 示例代码。

例程 2-3 平滑滤波

```
import cv2
# 读取图像
image = cv2.imread('image3.4.4.png', cv2.IMREAD_GRAYSCALE)
# 均值滤波
mean_filtered = cv2.blur(image, (3, 3))
# 中值滤波
median_filtered = cv2.medianBlur(image, 3)
# 高斯滤波
gaussian_filtered = cv2.GaussianBlur(image, (5, 5), 0)
# 显示原始图像和滤波后的图像
cv2.imshow('Original Image', image)
cv2.imshow('Mean Filtered', mean_filtered)
cv2.imshow('Median Filtered', median_filtered)
cv2.imshow('Gaussian Filtered', gaussian_filtered)
# 等待用户按键退出
cv2.waitKey(0)
cv2.destroyAllWindows()
```

如图 2-13 所示，从滤波效果来看，中值滤波后图像清晰，均值滤波后图像有些模糊，高斯滤波后图像比较模糊。

(a)　　　　　　　　　　　　(b)

(c)　　　　　　　　　　　　(d)

图 2-13　滤波效果

（a）原始图像；（b）中值滤波；（c）均值滤波；（d）高斯滤波

2.5　图像形态学

两种基本形态学操作包括膨胀与腐蚀；5 种高级形态学滤波操作包括开运算、闭运算、形态学梯度、顶帽及黑帽。

2.5.1　图像膨胀

图像膨胀(dilation)是一种增加图像中白色(前景)物体大小的操作。它通过使用一个称为结构元素的模板实现,该模板在图像上滑动,如果结构元素与图像重叠的区域完全由白色像素组成,则在结构元素的中心位置将黑色像素变为白色。这样物体的边界会向外扩展,从而增加物体的面积。

膨胀操作具有如下功能。

(1) 连接相邻物体:通过膨胀可以使原本分离的物体连接起来。

(2) 增加物体尺寸:可以使物体的边界向外扩展,从而增加其尺寸。

(3) 填补小的间隙:可以填补物体内部的小孔或间隙。

2.5.2　图像腐蚀

与膨胀相反,图像腐蚀(erosion)是一种减小图像中白色物体大小的操作。它使用与膨胀相同的结构元素,但是规则不同:只有当结构元素完全覆盖在白色像素上时,结构元素中心位置的黑色像素才会变为白色。这意味着物体的边界会向内收缩。

腐蚀操作具有如下功能。

(1) 移除小的物体或细节:可以移除图像中小的白色物体或细节。

(2) 减小物体尺寸:可以使物体的边界向内收缩,减小其尺寸。

(3) 揭示物体的确切边界:通过腐蚀可以更清晰地看到物体的边界。

2.5.3　开闭运算

膨胀和腐蚀操作经常结合使用,以实现更复杂的图像处理任务。

开运算(opening):先腐蚀后膨胀。有助于移除小的物体或细节,并可以平滑物体的边界。

闭运算(closing):先膨胀后腐蚀。有助于填充小的间隙,并可以使物体的边界更清晰。

2.5.4　形态学梯度

形态学梯度(morphological gradient):形态学膨胀与腐蚀之差。对二值图进行这一操作可以突出团块(blob)的边缘,进而用于保留物体的边缘轮廓。

顶帽(top hat):原始图像与开运算结果图之差。得到的效果图突出了比原图轮廓更明亮的区域。

黑帽(black hat):闭运算结果图与原始图像之差。得到的效果图突出了比原图轮廓更暗的区域。

2.5.5　图像形态学示例

以下 Python 代码将显示原始图像及经过膨胀、腐蚀、开运算和闭运算后的图像。

例程 2-4　形态学示例

```python
import cv2
# 读取图像
image = cv2.imread('image3.5.5.png', cv2.IMREAD_GRAYSCALE)
# 创建结构元素,这里使用 5×5 的矩形
```

```
kernel = cv2.getStructuringElement(cv2.MORPH_RECT, (5, 5))
# 图像膨胀操作
dilated_image = cv2.dilate(image, kernel, iterations = 2)
# 图像腐蚀操作
eroded_image = cv2.erode(image, kernel, iterations = 2)
# 开运算
opened_image = cv2.morphologyEx(image, cv2.MORPH_OPEN, kernel)
# 闭运算
closed_image = cv2.morphologyEx(image, cv2.MORPH_CLOSE, kernel)
# 显示结果
cv2.imshow('Original', image)
cv2.imshow('Dilated', dilated_image)
cv2.imshow('Eroded', eroded_image)
cv2.imshow('Opened', opened_image)
cv2.imshow('Closed', closed_image)
# 等待用户按键退出
cv2.waitKey(0)
cv2.destroyAllWindows()
```

上述形态学示例代码中函数含义如下。

cv2.dilate 函数用于图像膨胀。

cv2.erode 函数用于图像腐蚀。

iterations=1 参数表示操作执行的次数,可以根据需要进行调整。

cv2.morphologyEx 函数用于执行开运算和闭运算,其中 cv2.MORPH_OPEN 和 cv2.MORPH_CLOSE 是指定操作类型的参数。

如图 2-14 所示,原始图像及经过膨胀后白色区域变大,腐蚀后白色区域变小。开运算后轮廓清晰,闭运算后扩大白色区域连通域。

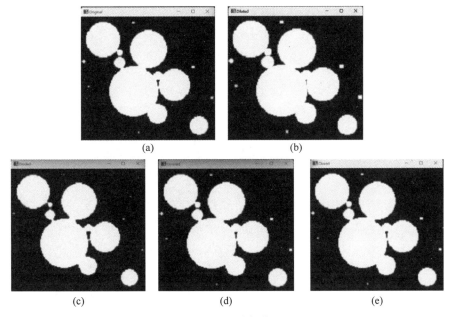

图 2-14 形态学

(a)原始图像;(b)图像膨胀操作;(c)图像腐蚀操作;(d)开运算;(e)闭运算

23

2.6　小结

本章介绍了计算机视觉入门基础知识及图像预处理方法,读者应当掌握多种图像滤波方法、图像均衡方法、图像形态学方法。

习题

2.1　总结对比几种颜色空间的适用场景。

2.2　简述中值滤波特点与步骤。

2.3　对图 2-8 所示矩阵分别进行均值滤波(用图 2-7 模板)、中值滤波(3×3 模板)和拉普拉斯滤波(图 2-12)。

2.4　开闭运算的作用是什么?

2.5　计算机存储图像的原点坐标在什么位置?

第3章 图像几何变换

本章主要介绍图像几何变换的知识,如图 3-1 所示,包括图像边界链码表达及曲率与几何关系,仿射变换的公式推导,仿射变换实现平移、旋转、缩放、翻转,用函数生成转换矩阵,透视变换,重映射,resize 函数图像缩放,图像金字塔,flip 函数图像翻转。

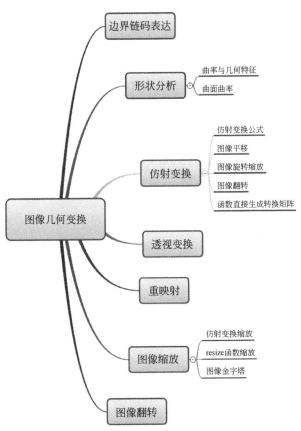

图 3-1　图像几何变换的知识

3.1 边界链码表达

只有边界的起点需用(绝对)坐标表示，其余点都可只用接续方向代表偏移量。4-方向链码和8-方向链码的共同特点是线段的长度固定，方向数有限。

1. 链码起点归一化

给定一个从任意点开始而产生的链码，把它看作一个由各个方向数构成的自然数。将这些方向数按一个方向循环，使它们构成的自然数的值最小，然后将这样转换后的链码起点作为归一化链码的起点。

2. 链码旋转归一化

利用链码的一阶差分重新构造一个序列，该序列具有旋转不变性。若差分为负值，则加上 4(4-方向链码)或 8(8-方向链码)。

3. 边界形状数

形状数是值最小的链码差分码。

阶数定义为形状数序列的长度。

图 3-2 以 4-方向链码为例，给出图 3-2(b)的原始链码、起点归一化码等。

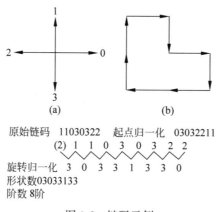

原始链码 11030322　起点归一化 03032211
(2) 1 1 0 3 0 3 2 2
旋转归一化 3 0 3 3 1 3 3 0
形状数03033133
阶数 8阶

图 3-2　链码示例

3.2 基于曲率的形状分析

3.2.1 曲率与几何特征

(1) 斜率：轮廓点的(切线)指向。

(2) 曲率：斜率的改变率。曲率大于零时，曲线凹向朝着法线正向；曲率小于零时，曲线凹向朝着法线负向。

(3) 角点：曲率的局部极值点。

表 3-1 列出了几种曲率表征的几何特征。

表 3-1　曲率与几何特征

曲　率	几 何 特 征	曲　率	几 何 特 征
连续零曲率	线段	局部最大曲率正值	凸角点
连续非零曲率	弧线段	局部最大曲率负值	凹角点
局部最大曲率绝对值	（一般）角点	曲率过零点	拐点

3.2.2　曲面曲率

主曲率：在曲面上的某点可找出一个具有最大曲率的方向 k_1，再找出一个具有最小曲率的方向 k_2，它们是互相正交的。

高斯曲率：$G=k_1k_2$

平均曲率：$H=(k_1+k_2)/2$

其中，k_1 和 k_2 分别是该点的主曲率。表 3-2 列出了不同曲面曲率 G、H 表征的不同形状。

高斯曲率的几何意义是：反映曲面在某一点处的"弯曲程度"。如果高斯曲率是正的，那么曲面在该点是"椭球形"弯曲；如果高斯曲率是负的，那么曲面在该点是"双曲面形"弯曲；如果高斯曲率为零，那么曲面在该点是"抛物面形"弯曲。

平均曲率的几何意义可以理解为：如果将曲面在该点处的切平面稍微扭曲，使其与曲面相切，那么这个扭曲量的平均值就是平均曲率。

表 3-2　曲面曲率与形状

曲　率	$H>0$	$H=0$	$H<0$
$G>0$	鞍脊	反向鞍脊	鞍谷
$G=0$	脊面	平　面	谷面
$G<0$	顶面	—	凹坑

3.3　图像仿射变换

3.3.1　仿射变换概念

仿射变换（affine transformation）是指图像可以通过仿射变换矩阵运算后实现平移、旋转、缩放、倾斜、翻转多种操作。

仿射变换可以看作两种简单变换的叠加：线性变换和平移变换。该变换能够保持图像的平直性和平行性。

（1）平直性：指图像经过仿射变换后，直线仍然是直线。

（2）平行性：若两条线变换前平行，则变换后仍然平行。

（3）共线性：若几个点变换前在一条线上，则仿射变换后仍然在一条线上。

（4）共线比例不变性：变换前一条线上两条线段的比例，变换后保持不变。

3.3.2　仿射变换公式

对于原始图像中的一点 $P(x,y)$，经过仿射变换后得到在目标图像中的坐标 $P'(x',$

y'），可以通过以下公式计算：

$$\begin{cases} x' = w_{00}x + w_{01}y + t_x \\ y' = w_{10}x + w_{11}y + t_y \end{cases} \tag{3-1}$$

写成矩阵形式：

$$\begin{bmatrix} x' \\ y' \end{bmatrix} = \begin{bmatrix} w_{00} & w_{01} & t_x \\ w_{10} & w_{11} & t_y \end{bmatrix} \begin{bmatrix} x \\ y \\ 1 \end{bmatrix} = \boldsymbol{M} \begin{bmatrix} x \\ y \\ 1 \end{bmatrix} \tag{3-2}$$

仿射变换矩阵 $\boldsymbol{M}$ 的维度是 2×3，由矩阵 w 和 t 构成。

$$\boldsymbol{M} = \begin{bmatrix} w_{00} & w_{01} & t_x \\ w_{10} & w_{11} & t_y \end{bmatrix} \tag{3-3}$$

以上公式中：

(x, y) 是原始坐标系中点的坐标。

(x', y') 是仿射变换后点的新坐标。

w_{00}、w_{01}、w_{10} 和 w_{11} 是控制旋转、缩放、翻转和倾斜的矩阵元素。

t_x 和 t_y 是平移的量。

如图 3-3、图 3-4 所示，使用不同矩阵元素的矩阵 $\boldsymbol{M}$，就会获得不同的仿射变换效果。

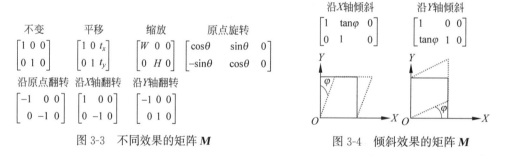

图 3-3　不同效果的矩阵 $\boldsymbol{M}$　　　　图 3-4　倾斜效果的矩阵 $\boldsymbol{M}$

在 OpenCV 中，仿射变换也可以先使用 cv2. getAffineTransform( )函数计算仿射变换矩阵，然后使用 cv2. warpAffine( )函数将变换矩阵应用于图像。

3.3.3　图像平移及例程

平移是一种简单空间变换。其表达式为

$$\begin{cases} x' = x + t_x \\ y' = y + t_y \\ \begin{bmatrix} x' \\ y' \end{bmatrix} = \begin{bmatrix} 1 & 0 & t_x \\ 0 & 1 & t_y \end{bmatrix} \begin{bmatrix} x \\ y \\ 1 \end{bmatrix} \end{cases} \tag{3-4}$$

如果向右平移 150 个像素，向下平移 200 个像素，那么变换矩阵 $\boldsymbol{M}$ 可以为

$$\boldsymbol{M} = \begin{bmatrix} 1 & 0 & 150 \\ 0 & 1 & 200 \end{bmatrix}$$

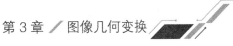

例程 **3-1** 图像平移

```
import cv2
import numpy as np
fibe = cv2.imread("./File.jpg")                    # 读取原图
height, width = fibe.shape[:2]                      # 获取图像的高度和宽度
x = 150 # 向右移动 150 个像素
y = 200 # 向下移动 200 个像素
M = np.float32([[1, 0, x], [0, 1, y]])             # 转换矩阵 M
Panned_fibe = cv2.warpAffine(fibe, M, (width, height))
cv2.namedWindow('Origin', cv2.WINDOW_NORMAL)
cv2.namedWindow('Shift', cv2.WINDOW_NORMAL)
cv2.imshow("Origin", fibe)
cv2.imshow("Shift", Panned_fibe)
cv2.waitKey()
cv2.destroyAllWindows()
```

图像平移后的效果如图 3-5(b)所示,图像整体向右、向下平移,左上角出现黑边。

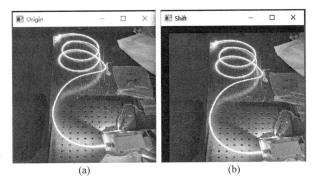

图 3-5　图像平移后的效果

(a)原始图像;(b)平移后的图像

3.3.4　图像旋转缩放及例程

1. 利用 OpenCV 自带函数旋转

在使用函数 cv2.warpAffine()对图像进行旋转时,可以通过函数 cv2.getRotationMatrix2D()获取转换矩阵 **M**。

该函数的语法格式为

retval = cv2.getRotationMatrix2D (center,angle,scale)

center：旋转中心点。

angle：旋转角度,正数表示逆时针旋转,负数表示顺时针旋转。

scale：变换尺度(缩放大小)。

以下例程以图像中心为圆点,逆时针旋转 $60°$,并将目标图像缩小为原始图像的 3/5。例程中图像旋转后的效果如图 3-6 所示,左图是原始图,右图是旋转后的图。

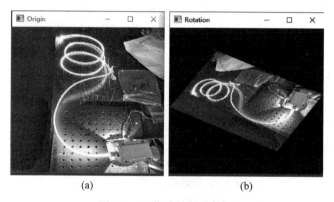

(a)　　　　　　　　　　　　(b)

图 3-6　图像旋转后的效果

(a) 原始图像；(b) 旋转后的图像

例程 3-2　图像旋转

```
import cv2
fibe = cv2.imread("./File.jpg")                            ♯ 读取原图
height, width = fibe.shape[:2]                             ♯ 获取图像的高度和宽度
♯ 以图像中心为圆点，逆时针旋转 60°,并将目标图像缩小为原始图像的 3/5
M = cv2.getRotationMatrix2D((width/2, height/2), 60, 0.6) ♯生成转换矩阵 M
rotate_fibe = cv2.warpAffine(fibe, M, (width, height))
cv2.namedWindow('Origin', cv2.WINDOW_NORMAL)
cv2.namedWindow('Rotation', cv2.WINDOW_NORMAL)
cv2.imshow("Origin", fibe)
cv2.imshow("Rotation", rotate_fibe)
cv2.waitKey()
cv2.destroyAllWindows()
```

2. 使用变换矩阵旋转

如图 3-7 所示，围绕原点进行旋转，公式推导如下：

$$\begin{cases} x = r\cos\phi \\ y = r\sin\phi \\ x' = r\cos(\phi + \theta) \\ x' = r\cos\phi\cos\theta - r\sin\phi\sin\theta \\ x' = x\cos\theta - y\sin\theta \\ y' = r\sin(\phi + \theta) \\ y' = r\sin\phi\cos\theta + r\cos\phi\sin\theta \\ y' = y\cos\theta + x\sin\theta \end{cases} \quad (3-5)$$

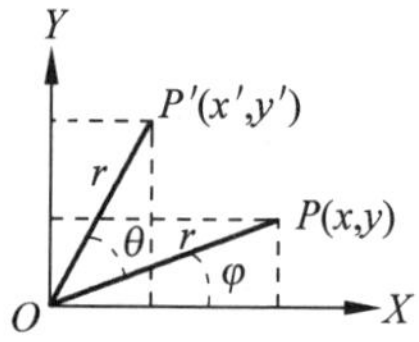

图 3-7　沿原点旋转

由此可推导得到 **M** 矩阵：

$$\begin{cases} \alpha = \cos\theta \\ \beta = \sin\theta \\ \boldsymbol{M} = \begin{bmatrix} \alpha & -\beta & 0 \\ \beta & \alpha & 0 \end{bmatrix} \end{cases} \quad (3-6)$$

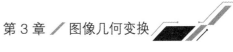

进行公式推导的时候，参照的原点在左下角，而在 OpenCV 中，图像的原点在图像的左上角，所以实际使用需对 θ 取反。

围绕任意点旋转：可以先把当前图像的旋转中心点平移到原点处，绕原点旋转后再平移回去，使用如下变换矩阵 $\boldsymbol{M}$ 实现：

$$
\begin{cases}
\alpha = \text{scalecos(angle)} \\
\beta = \text{scalesin(angle)} \\
\boldsymbol{M} = \begin{bmatrix} \alpha & \beta & (1-\alpha)\text{center}.x - \beta\text{center}.y \\ -\beta & \alpha & \beta\text{center}.x - (1-\alpha)\text{center}.y \end{bmatrix}
\end{cases}
\tag{3-7}
$$

其中，center 为原始图像中心点坐标，scale 为放大比例，angle 为旋转角度。

例程 3-3 使用 $\boldsymbol{M}$ 矩阵实现图像旋转

```python
import cv2
import numpy as np
from math import cos, sin, radians
img = cv2.imread('file.jpg')
height, width, channel = img.shape
theta = 45
def getRotationMatrix2D(angle, tx = 0, ty = 0):
    # 将角度值转换为弧度值
    # 因为图像的左上角是原点,需要×(-1)
    angle = radians(-1 * angle)
    M = np.float32([
        [cos(angle), -sin(angle), (1 - cos(angle)) * tx + sin(angle) * ty],
        [sin(angle), cos(angle), -sin(angle) * tx + (1 - cos(angle)) * ty]])
    return M
# 求得图像中心点,作为旋转的轴心
cx = int(width / 2)
cy = int(height / 2)
# 进行 2D 仿射变换
# 围绕原点逆时针旋转 30°
M = getRotationMatrix2D (30, tx = cx, ty = cy)
rotated_30 = cv2.warpAffine(img, M, (width, height))
# 围绕原点逆时针旋转 45°
M = getRotationMatrix2D (45, tx = cx, ty = cy)
rotated_45 = cv2.warpAffine(img, M, (width, height))
# 围绕原点逆时针旋转 60°
M = getRotationMatrix2D (60, tx = cx, ty = cy)
rotated_60 = cv2.warpAffine(img, M, (width, height))
cv2.namedWindow('Origin', cv2.WINDOW_NORMAL)
cv2.namedWindow('Rotated 30 Degree', cv2.WINDOW_NORMAL)
cv2.imshow("Origin", img)
cv2.imshow("Rotated 30 Degree", rotated_30[:, :, ::-1])
cv2.namedWindow('Rotated 45 Degree', cv2.WINDOW_NORMAL)
cv2.imshow("Rotated 45 Degree", rotated_45[:, :, ::-1])
cv2.namedWindow('Rotated 60 Degree', cv2.WINDOW_NORMAL)
cv2.imshow("Rotated 60 Degree", rotated_60[:, :, ::-1])
cv2.waitKey()
cv2.destroyAllWindows()
```

图 3-8 展示了左上角的原始图像依次旋转 $30°$、$45°$ 及 $60°$ 后的效果。

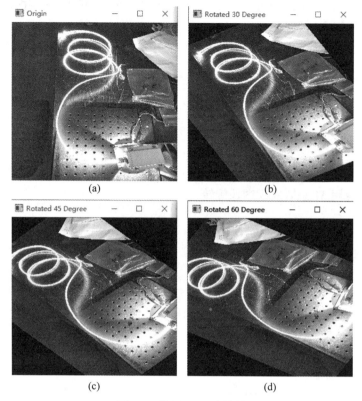

图 3-8　使用 M 矩阵旋转

（a）原始图像；（b）旋转 $30°$；（c）旋转 $45°$；（d）旋转 $60°$

3.3.5　图像翻转及例程

设 width 代表图像的宽度，height 代表图像的高度。

水平翻转的 M 变换矩阵如下：

$$M = \begin{bmatrix} -1 & 0 & \text{width} \\ 0 & 1 & 0 \end{bmatrix} \tag{3-8}$$

垂直翻转的 M 变换矩阵如下：

$$M = \begin{bmatrix} 1 & 0 & 0 \\ 0 & -1 & \text{height} \end{bmatrix} \tag{3-9}$$

同时进行水平翻转与垂直翻转 M 变换矩阵如下：

$$M = \begin{bmatrix} -1 & 0 & \text{width} \\ 0 & -1 & \text{height} \end{bmatrix} \tag{3-10}$$

以下例程使用 M 矩阵实现图像垂直、水平翻转。

例程 3-4　使用 M 矩阵实现图像翻转

```
import cv2
import numpy as np
img = cv2.imread('file.jpg')
height, width, channel = img.shape
```

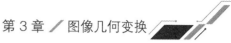

```
# 水平翻转
M1 = np.float32([[-1, 0, width], [0, 1, 0]])
flip_h = cv2.warpAffine(img, M1, (width, height))
# 垂直翻转
M2 = np.float32([[1, 0, 0], [0, -1, height]])
flip_v = cv2.warpAffine(img, M2, (width, height))
# 水平垂直同时翻转
M3 = np.float32([[-1, 0, width], [0, -1, height]])
flip_hv = cv2.warpAffine(img, M3, (width, height))
def bgr2rbg(img):
    return img[:, :, ::-1]
cv2.namedWindow('Origin', cv2.WINDOW_NORMAL)
cv2.imshow("Origin", bgr2rbg(img))
cv2.namedWindow('Horizontally', cv2.WINDOW_NORMAL)
cv2.imshow("Horizontally", bgr2rbg(flip_h))
cv2.namedWindow('Vertically', cv2.WINDOW_NORMAL)
cv2.imshow("Vertically", bgr2rbg(flip_v))
cv2.namedWindow('Horizontally & Vertically', cv2.WINDOW_NORMAL)
cv2.imshow("Horizontally & Vertically", bgr2rbg(flip_hv))
cv2.waitKey()
cv2.destroyAllWindows()
```

图 3-9 展示了例程使用 M 矩阵对左上角的原始图像分别进行水平翻转、垂直翻转，水平、垂直同时翻转后的效果。

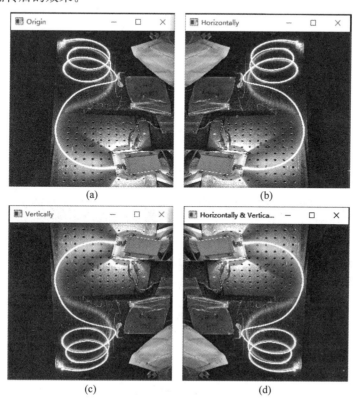

图 3-9　使用 M 矩阵实现图像翻转

（a）原始图像；（b）水平翻转；（c）垂直翻转；（d）水平、垂直同时翻转

3.3.6 函数直接生成转换矩阵及例程

OpenCV 提供了函数 cv2.getAffineTransform()以生成仿射函数 cv2.warpAffine()使用的转换矩阵 M。

该函数的语法格式为

retval = cv2.getAffineTransform(src,dst)

src：输入图像中的三个点坐标。

dst：输出图像中的三个点坐标。

在该函数中，参数 src 和 dst 是包含三个二维数组(x,y)点的数组。上述参数通过函数 cv2.getAffineTransform()定义了两个平行四边形。src 和 dst 中的三个点分别对应平行四边形左上角、右上角、左下角的三个点。函数 cv2.warpAffine()以函数 cv2.getAffineTransform()获取的转换矩阵 M 为参数，将 src 中的点仿射到 dst 中。函数 cv2.getAffineTransform()完成指定点的映射后，按照指定点的关系计算确定所有其他点的映射关系。

例程 3-5   函数生成转换矩阵

```
import cv2
import numpy as np
fibe = cv2.imread("./File.jpg")                  # 读取原图
rows, cols, ch = fibe.shape                       # 获取图像的行数、列数和色彩通道数
p1 = np.float32([[0, 0], [cols - 1, 0], [0, rows - 1]])
p2 = np.float32([[0, rows * 0.33], [cols * 0.85, rows * 0.25], [cols * 0.15, rows * 0.7]])
M = cv2.getAffineTransform(p1, p2)               # 转换矩阵 M
dst = cv2.warpAffine(fibe, M, (cols, rows))# 按照指定点的关系计算确定所有其他点的映射关系
cv2.namedWindow('Origin', cv2.WINDOW_NORMAL)
cv2.namedWindow('Affine', cv2.WINDOW_NORMAL)
cv2.imshow("Origin", fibe)
cv2.imshow("Affine", dst)
cv2.waitKey()
cv2.destroyAllWindows()
```

图 3-10 展示了例程使用函数生成 M 矩阵，对原始图像进行仿射变换后的效果。

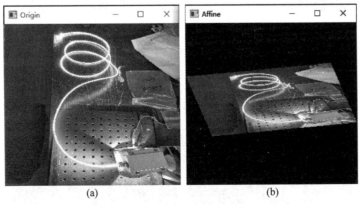

图 3-10   函数生成转换矩阵对图像进行仿射变换后的效果
(a) 原始图像；(b) 仿射变换后的图像

3.4 图像透视变换及例程

透视变换（perspective transformation）也叫视角转换，是将图片投影到一个新的视平面，也称作投影映射。

透视变换的特点如下。

（1）它是将二维转到三维，变换后再映射回之前的二维空间，而不是另一个二维空间。

（2）通过矩阵乘法实现，使用 3×3 的矩阵，矩阵前两行与仿射矩阵相同，可实现线性变换和平移，第三行用于实现透视变换。

（3）仿射变换是透视变换的一种特殊形式，仿射变换至少需要 3 组对应的点坐标，透视变换至少需要 4 组。

（4）为得到透视变换矩阵，需要在输入图像上找 4 个点，及其在输出图像上对应的位置。这 4 个点中的任意 3 个点不能共线。

（5）透视变换可保持直线不变形，但是平行线可能不再平行。

仿射变换可以将矩形映射为任意平行四边形，而透视变换可以将矩形映射为任意四边形。

用函数 cv2. getPerspectiveTransform()创建一个 3×3 的矩阵，即视角变换矩阵。

最后将矩阵传入函数 cv2. warpPerspective()，对图像进行透视变换。

视角变换矩阵函数语法格式为

retval = cv2. getPerspectiveTransform(src,dst)

src：输入图像的 4 个顶点的坐标。

dst：输出图像的 4 个顶点的坐标。

实际应用中，根据需要控制 src 中的 4 个点映射到 dst 中的 4 个点，达到需要的变换效果。

透视变换函数语法格式为

dst = cv2. warpPerspective(src,*M*,dsize[,flags[,borderMode[,borderValue]]])

dst：透视处理后的输出图像，与原始图像具有相同的类型。dsize 决定输出图像的实际大小。

src：要进行透视变换的图像。

M：一个 3×3 的变换矩阵。

dsize：输出图像的尺寸。

flags：插值方法，默认为 INTER_LINEAR。当该值为 WARP_INVERSE_MAP 时，意味着 *M* 是逆变换类型，能实现从目标图像 dst 到原始图像 src 的逆变换。

borderMode：边类型，默认为 BORDER_CONSTANT。当该值为 BORDER_TRANSPARENT 时，意味着目标图像内的值不做改变，这些值对应原始图像内的异常值。

borderValue：边界值，默认为 0。

以下例程中，先调整原始图像中的四边形顶点 pts1 坐标，围出期望变换的区域。

例程 3-6 透视变换

```
import cv2
import numpy as np
fibe = cv2.imread("./File.jpg")              # 读取原图
rows, cols = fibe.shape[:2]                   # 获取图像的行数和列数
#指定原始图像中的四边形顶点 pts1
pts1 = np.float32([[650, 50], [2600, 60], [660, 3450], [2700, 3600]])
#指定目标图像中的 4 个顶点 pts2
pts2 = np.float32([[50, 50], [rows - 50, 50], [50, cols - 50], [rows - 50, cols - 50]])
# 生成转换矩阵 M
M = cv2.getPerspectiveTransform(pts1, pts2)
#透视变换
dst = cv2.warpPerspective(fibe, M, (cols, rows))
cv2.namedWindow('Origin', cv2.WINDOW_NORMAL)
cv2.namedWindow('Perspective ', cv2.WINDOW_NORMAL)
cv2.imshow("Origin", fibe)
cv2.imshow("Perspective ", dst)
cv2.waitKey()
cv2.destroyAllWindows()
```

图 3-11 展示了例程对原始图像进行透视变换后的效果，变换后的图像局部明显被拉伸。

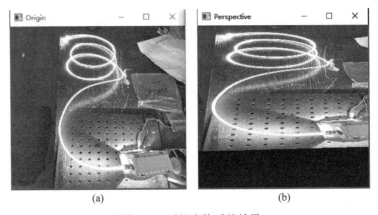

(a) (b)

图 3-11　透视变换后的效果

（a）原始图像；（b）透视变换后的图像

3.5　重映射及例程

　　将图像中的像素点按照规则重新放在指定位置的过程称为图像的重映射，即重映射是通过修改像素点的位置得到一幅新图像。这里的规则即为映射函数，作用是确定新图像中每个像素点在原始图像中的位置。

　　OpenCV 提供的重映射函数 cv2.remap()可以实现自定义方式的重映射。

　　其语法格式为

　　dst = cv2.remap(src, map1, map2, interpolation[, borderMode[, borderValue]])

　　dst：目标图像，与 src 有相同的大小和类型。

　　src：原始图像。

map1：该参数有两种可能的值：表示(x,y)点的一个映射；表示类型(x,y)点的 x 值。

map2：该参数有两种可能的值：当 map1 表示(x,y)时，该值为空；当 map1 表示(x,y)点的 x 值时，该值是类型(x,y)点的 y 值。

Interpolation：插值方式。

重映射是将新图像像素映射到原始图像的过程，因此称为反向映射。在函数 cv2. remap()中，由于参数 map1 和参数 map2 的值是浮点数，所以通过函数 cv2. remap()实现的映射关系非常多样化，可以通过自定义映射参数实现不同功能的映射。

以下例程使用函数 cv2. remap()实现图像的 x 轴、y 轴互换。

使图像绕着 x 轴翻转：x 坐标轴的值以 y 轴为对称轴进行交换。

使图像绕着 y 轴翻转：y 坐标轴的值以 x 轴为对称轴进行交换。

如果行数和列数不一致，运算可能出现值无法映射的情况。默认情况下，无法完成映射的值会被处理为 0。

例程 3-7 使用重映射实现图像绕 x 轴、y 轴翻转

```
import cv2
import numpy as np
fibe = cv2.imread("./File.jpg")            # 读取原图
rows, cols = fibe.shape[:2]
map1 = np.zeros(fibe.shape[:2], np.float32)
map2 = np.zeros(fibe.shape[:2], np.float32)
# x、y坐标轴值交换
for i in range(rows):
    for j in range(cols):
        map1.itemset((i, j), cols - j - 1)
        map2.itemset((i, j), rows - 1 - i)
rst = cv2.remap(fibe, map1, map2, cv2.INTER_LINEAR)
cv2.namedWindow('Origin', cv2.WINDOW_NORMAL)
cv2.namedWindow('Remap ', cv2.WINDOW_NORMAL)
cv2.imshow("Origin", fibe)
cv2.imshow("Remap ", rst)
cv2.waitKey()
cv2.destroyAllWindows()
```

图 3-12 展示了例程对原始图像进行重映射后的效果，图像沿绕 x 轴、y 轴翻转。

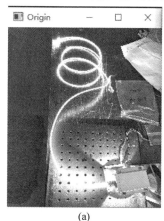
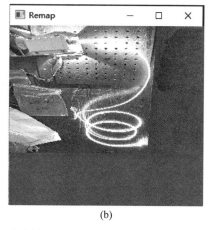

(a)　　　　　　　　　　　　(b)

图 3-12　重映射后的效果

（a）原始图像；（b）重映射后的图像

3.6 图像缩放

3.6.1 仿射变换缩放

前面章节推导出任意点旋转变换矩阵 M 定义,如下式:

$$\begin{cases} \alpha = \text{scale} \times \cos(\text{angle}) \\ \beta = \text{scale} \times \sin(\text{angle}) \\ M = \begin{bmatrix} \alpha & \beta & (1-\alpha)\text{center}.x - \beta\text{center}.y \\ -\beta & \alpha & \beta\text{center}.x - (1-\alpha)\text{center}.y \end{bmatrix} \end{cases}$$

其中,center 为原始图像中心点坐标,scale 为放大比例,angle 为旋转角度。

现围绕原点进行缩放,则 center 坐标为原点,angle 为 0,对图像进行伸缩变换的变换矩阵 M 如下:

$$M = \begin{bmatrix} W & 0 & 0 \\ 0 & H & 0 \end{bmatrix}$$

其中,W 参数控制宽度方向的缩放,H 参数控制高度方向的缩放。

例程 3-8　使用仿射缩放

```python
import cv2
import numpy as np
fibe = cv2.imread("./File.jpg")              # 读取原图
height, width, channel = fibe.shape
# x轴焦距的 0.1 倍
w = 0.1
# y轴焦距的 0.05 倍
h = 0.05
# 声明变换矩阵 M: w,h为缩放系数,平移系数为 0
M = np.float32([[w, 0, 0], [0, h, 0]])
# 进行仿射变换
resized = cv2.warpAffine(fibe, M, (int(width * w), int(height * h)))
cv2.imwrite('resize.jpg', resized)
cv2.namedWindow('Origin', cv2.WINDOW_NORMAL)
cv2.namedWindow('Resize ', cv2.WINDOW_NORMAL)
cv2.imshow("Origin", fibe)
cv2.imshow("Resize ", resized)
cv2.waitKey()
cv2.destroyAllWindows()
```

图 3-13 展示了例程对原始图像进行仿射缩放后的效果,图像宽度方向被缩小为 1/10,高度方向被缩小为 1/20。

3.6.2 resize 函数缩放

OpenCV 有专门进行图像缩放的函数:

cv2.resize(src,dsize[,dst[,fx[,fy[,interpolation]]]])

src:输入图像。

dsize:输出图像的尺寸。

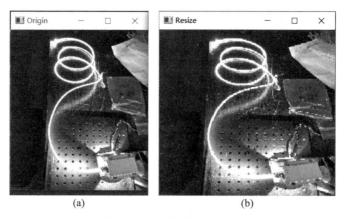

图 3-13　仿射缩放后的效果

（a）原始图像；（b）仿射缩放后的图像

dst：输出图像。

fx：x 轴的缩放因子。

fy：y 轴的缩放因子。

interpolation：插值方式。

INTER_NEAREST：最近邻插值。

INTER_LINEAR：线性插值（默认）。

INTER_AREA：区域插值。

INTER_CUBIC：三次样条插值。

INTER_LANCZOS4：Lanczos 插值。

可以指定的图像的尺寸 dsize，或者用缩放因子控制缩放大小。例程将宽度缩小为 1/10 并将高度缩小为 1/2，如图 3-14 所示，看上去图像宽度被拉伸。

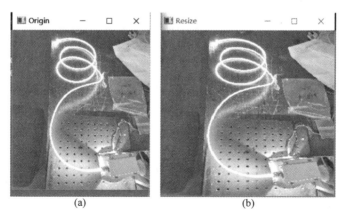

图 3-14　cv2.resize 函数效果

（a）原始图像；（b）resize 函数缩放后的图像

例程 3-9　使用 resize 函数对图像进行缩放

```
import cv2
fibe = cv2.imread("./File.jpg")              # 读取原图
# 缩小图像尺寸为原尺寸的比例
```

```
height, width = fibe.shape[:2]
new_size = (width // 10, height // 2)     # 将宽度缩小为 1/10 并将高度缩小为 1/2
resized_img = cv2.resize(fibe, new_size, interpolation = cv2.INTER_LINEAR)
# 显示原图和缩放后的图像
cv2.namedWindow('Origin', cv2.WINDOW_NORMAL)
cv2.namedWindow('Resize', cv2.WINDOW_NORMAL)
cv2.imshow('Origin', fibe)
cv2.imshow('Resize', resized_img)
cv2.waitKey(0)
cv2.destroyAllWindows()
```

3.6.3 图像金字塔

金字塔底部最大,然后逐层缩小,直至塔尖。如图 3-15 所示,将图像金字塔底部看成原始图像,最上方的图像尺寸最小,每操作一次,长、宽各缩小一半,成为金字塔的上一层,如此循环,直至缩小到用户期望的大小。

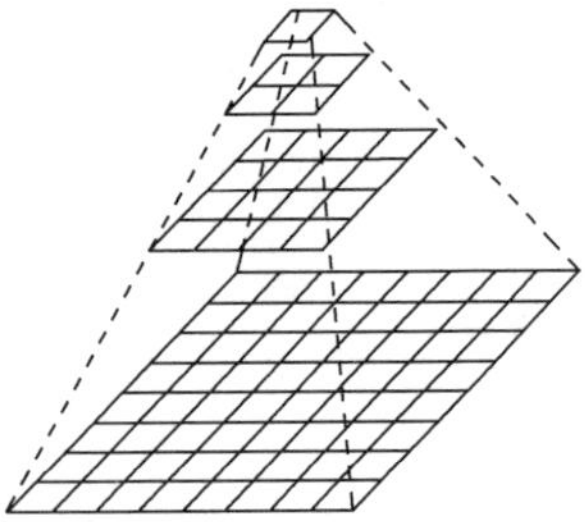

常用的图像金字塔包括以下两种。

(1) 高斯金字塔:用于向下采样,即图像缩小。

(2) 拉普拉斯金字塔:用于从上层采样重建下层图像,即图像缩小或放大。

1. 高斯金字塔

图 3-15　图像金字塔

设定底层为低层级、顶层为高层级,按从下到上的次序编号,$i+1$ 层图像 G_{i+1} 尺寸小于 i 层图像 G_i。图像 G_{i+1} 下采样方法如下。

(1) 将 G_i 与高斯核卷积,高斯卷积核示例如下:

$$M = \frac{1}{256} \begin{bmatrix} 1 & 4 & 6 & 4 & 1 \\ 4 & 16 & 24 & 16 & 4 \\ 6 & 24 & 36 & 24 & 6 \\ 4 & 16 & 24 & 16 & 4 \\ 1 & 4 & 6 & 4 & 1 \end{bmatrix}$$

高斯核卷积运算就是对整幅图像进行加权平均的过程,每个像素点的值,都由其本身和邻域内的其他像素值(权重不同)经过加权平均后得到。高斯核卷积让临近中心的像素点具有更高的重要度,对周围像素计算加权平均值。

(2) 去除卷积后图像的所有偶数行和列,得到 G_{i+1}。

高斯金字塔计算过程可表示为

$$G_{i+1} = \text{Down}(G_i) \tag{3-11}$$

显然,图像 G_{i+1} 只有原图的 1/4。通过对输入图像不断迭代以上步骤,就会得到用户期望大小的图像。

在 OpenCV 中,下采样的函数为 pyrDown(),如下所示:

```
dst = cv2.pyrDown(src[,dstsize[,borderType]])
```

dst:目标输出图像

src:原始图像

dstsize:目标图像的大小

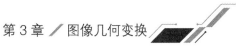

borderType：边界类型，默认且在此处仅支持 BORDER_DEFAULT。

例程 3-10 使用 cv2.pyrDown 函数对图像进行缩小

```
import cv2
fiber = cv2.imread("./Filesmall.jpg")      # 读取原图
dst = cv2.pyrDown(fiber)
# 显示原图和缩小为 1/4 后的图像
#cv2.namedWindow('Origin', cv2.WINDOW_NORMAL)
#cv2.namedWindow('PyrDown', cv2.WINDOW_NORMAL)
cv2.imshow('Origin', fiber)
cv2.imshow('PyrDown', dst)
cv2.waitKey(0)
cv2.destroyAllWindows()
```

图 3-16 显示了原始图像和采用 pyrDown 函数缩小为 1/4 后的图像。

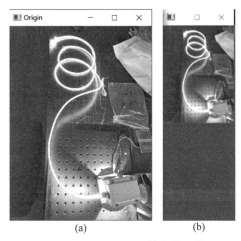

(a)　　　　　　(b)

图 3-16　pyrDown 函数缩小图像

（a）原始图像；（b）pyrDown 函数缩小后的图像

2. 拉普拉斯金字塔

图像向上取样是由小图像不断放大图像的过程，每次放大 4 倍，具体操作过程如下。

（1）将原始图像在每个方向扩大为原来的两倍，新增的行和列以 0 填充。

（2）前述高斯卷积核乘以 4 后与放大后的图像卷积，获得"新增像素"的近似值如下：

$$\boldsymbol{M} = 4 \times \frac{1}{256} \begin{bmatrix} 1 & 4 & 6 & 4 & 1 \\ 4 & 16 & 24 & 16 & 4 \\ 6 & 24 & 36 & 24 & 6 \\ 4 & 16 & 24 & 16 & 4 \\ 1 & 4 & 6 & 4 & 1 \end{bmatrix}$$

可以认为拉普拉斯金字塔是残差金字塔，用于存储下采样后图像与原始图像的差异。因为下采样过程丢失的信息不能通过上采样完全恢复，也就是说下采样是不可逆的。

拉普拉斯金字塔第 i 层的数学定义：

$$L_i = G_i - \mathrm{UP}(G_{i+1}) \otimes g_{5\times 5} \tag{3-12}$$

其中，G_{i+1} 和 G_i 分别表示第 $i+1$ 和 i 层的图像，UP()为操作扩充尺寸，$g_{5\times 5}$ 是 5×5 高斯

卷积核。

可以直接用 OpenCV 进行拉普拉斯金字塔运算：

$$L_i = G_i - \text{pyrUP}(G_{i+1})$$ (3-13)

OpenCV 中上采样函数如下所示：

dst = cv2.pyrUp(src[,dstsize[,borderType]])

dst：目标输出图像

src：原始图像

dstsize：目标图像的大小

borderType：边界类型，默认且在此处仅支持 BORDER_DEFAULT。

例程 3-11 使用 cv2.pyrUp 函数对图像进行放大

```
import cv2
fiber = cv2.imread("./Filesmall.jpg")        # 读取原图
dst = cv2.pyrUp(fiber)
# 显示原图和放大 4 倍后的图像
#cv2.namedWindow('Origin', cv2.WINDOW_NORMAL)
#cv2.namedWindow('PyDown', cv2.WINDOW_NORMAL)
cv2.imshow('Origin', fiber)
cv2.imshow('PyrUP', dst)
cv2.waitKey(0)
cv2.destroyAllWindows()
```

图 3-17 显示了原始图像和采用 pyrUp 函数放大 4 倍后的图像。

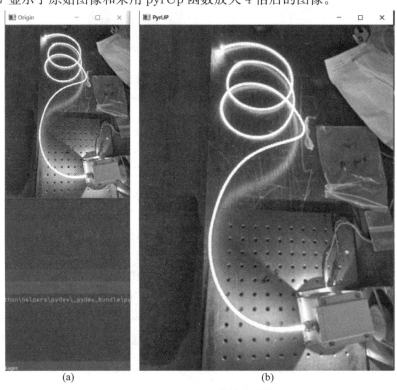

(a)   (b)

图 3-17   pyrUp 函数放大图像

（a）原始图像；（b）pyrUp 函数放大后的图像

3.7　图像翻转

除使用仿射变换实现翻转外,还可使用 flip 函数实现图像翻转。

flip 函数语法:

dst = cv2.flip(src,flipCode[,dst])

src:输入图像。

flipCode:翻转模式,具体如下。

(1) 1:水平翻转 Horizontally(图像第二维度是 column,沿 Y 轴翻转)。

(2) 0:垂直翻转 Vertically(图像第一维度是 row,沿 X 轴翻转)。

(3) −1:同时水平翻转与垂直翻转 Horizontally & Vertically。

例程展示了水平翻转、垂直翻转、同时水平翻转与垂直翻转。

例程 3-12　使用 flip 函数实现图像翻转

```python
import numpy as np
import cv2
fiber = cv2.imread('file.jpg')
def bgr2rbg(img):
    return img[:,:,::-1]
# 水平翻转
flip_h = cv2.flip(fiber, 1)
# 垂直翻转
flip_v = cv2.flip(fiber, 0)
# 同时水平翻转与垂直翻转
flip_hv = cv2.flip(fiber, -1)
cv2.namedWindow('Origin', cv2.WINDOW_NORMAL)
cv2.imshow("Origin", bgr2rbg(fiber))
cv2.namedWindow('H', cv2.WINDOW_NORMAL)
cv2.imshow("H", bgr2rbg(flip_h))
cv2.namedWindow('V', cv2.WINDOW_NORMAL)
cv2.imshow("V", bgr2rbg(flip_v))
cv2.namedWindow('H & V', cv2.WINDOW_NORMAL)
cv2.imshow("H & V", bgr2rbg(flip_hv))
cv2.waitKey()
cv2.destroyAllWindows()
```

图 3-18 展示了使用 flip 函数对原始图像分别进行水平、垂直及水平加垂直翻转后的效果。

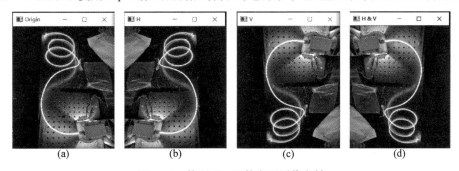

图 3-18　使用 flip 函数实现图像翻转

3.8 小结

围绕图像平移、旋转、缩放、翻转等几何变换需求,介绍了仿射变换、透视变换、重映射及其他 3 种函数实现方法。

习题

3.1 列表说明曲率与几何特征的关系。

3.2 换一个起点,写出图 3-2 中的链码、链码起点归一化、旋转归一化、形状数。

3.3 列表说明不同矩阵元素的矩阵 *M* 对应的不同仿射变换效果。

第 4 章　基元检测

本章介绍常用的基元检测方法,如图 4-1 所示,包含边缘检测、USAN 算子、哈里斯角点检测、霍夫变换、轮廓提取。这些方法可以提取边缘、角点、直线、圆形等特征,是目标检测的必备手段。

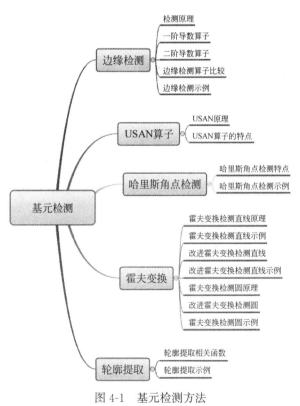

图 4-1　基元检测方法

4.1 边缘检测

4.1.1 检测原理

边缘检测是指检测图像中的一些像素点,它们周围的像素点的灰度发生急剧的变化,因此可以将这些像素点作为一个集合,用于标注图像中不同物体的边界。

边缘是图像上灰度级变化很快的点的集合。这些点往往梯度很大。图像的梯度可以用一阶导数和二阶偏导数求解。但图像是以矩阵的形式存储的,不能像数学理论中对直线或曲线求导一样,对一幅图像的求导相当于对一个平面、曲面求导。对图像进行操作,采用模板对原图像进行卷积运算。

可将边缘区域的灰度剖面看作一个阶跃,即图像的灰度在一个很小的区域内变化到另一个相差十分明显的区域。如图 4-2 所示,常见的边缘剖面有三种。

(1) 阶梯状:对应图像中两个具有不同灰度值的相邻区域之间,如图 4-2(a)和(b)所示(通过检测一阶导数的峰值或二阶导数的零值,可以找到边界)。

(2) 脉冲状:对应细条状的灰度值突变区域的边缘,如图 4-2(c)所示。

(3) 屋顶状:对应上升下降沿都比较缓慢的边缘,如图 4-2(d)所示(一阶导数和二阶导数分别对应脉冲导数一阶导数和二阶导数的拉伸)。

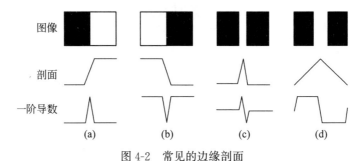

图 4-2 常见的边缘剖面

4.1.2 一阶导数算子

一阶微分算子给出梯度,所以也称梯度算子。常用的有 Roberts 算子、Prewitt 算子及 Sobel 算子,其中 Sobel 算子是效果比较好的一种。

1. Prewitt 算子

通常用 $f'(x)=f(x+1)-f(x-1)$ 近似计算一阶差分。可以提出系数 $[-1,0,1]$,这个就是模板。在二维情况下 x、y 方向分别如图 4-3(a)和(b)所示。

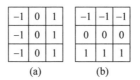

图 4-3 Prewitt 模板

2. Sobel 算子

中心点 $f(x,y)$是重点考虑的，它的权重应该多一些，所以改进为图 4-4。

这就是 Sobel 边缘检测算子，偏 x 方向的。

同理可得偏 y 方向的，如图 4-5 所示。

−1	0	1
−2	0	2
−1	0	1

图 4-4　Sobel x 方向模板

−1	−2	−1
0	0	0
1	2	1

图 4-5　Sobel y 方向模板

分别计算偏 x 方向的 G_x、偏 y 方向的 G_y，求绝对值，压缩到[0,255]区间，即 $G(x,y)=G_x+G_y$ 就是 Sobel 边缘检测后的图像。OpenCV 中可以使用 cv2. Sobel()函数来应用 Sobel 算子。

3. Canny 算子

Canny 算子的计算步骤如下。

(1) 用高斯滤波器平滑图像，去除噪声。

(2) 用一阶差分偏导计算梯度值和方向。通过 Sobel 算子计算。

(3) 对梯度值不是极大值的地方进行抑制，将不是极值的点全部置 0，去掉大部分弱的边缘，所以图像边缘会变细。

4.1.3　二阶导数算子

1. 拉普拉斯(Laplacian)算子

一阶差分：

$$f'(x)=f(x)-f(x-1)$$

二阶差分：

$$f''(x)=(f(x+1)-f(x))-(f(x)-f(x-1))$$

化简后：

$$f''(x)=f(x-1)-2f(x)+f(x+1)$$

提取前面的系数：[1,−2,1]。

二维的情况下，同理可得

$$f''(x,y)=-4f(x,y)+f(x-1,y)+f(x+1,y)+f(x,y-1)+f(x,y+1)$$

提取各个系数，写成模板的形式(图 4-6(a))，考虑两个斜对角的情况(图 4-6(b))，与原图卷积运算即可求出边缘。

2. 马尔(Marr)算子

马尔算子通常由两部分组成：一个高斯滤波器用于平滑图像，减少噪声的影响；一个差分算子用于检测亮度变化。在每个分辨率上进行如下计算。

0	1	0
1	−4	1
0	1	0

(a)

1	1	1
1	−8	1
1	1	1

(b)

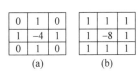

图 4-6　Laplacian 模板

(1) 用一个 2D 的高斯平滑模板与原图像卷积。

(2) 计算卷积后图像的拉普拉斯值。

(3) 检测拉普拉斯图像中的过零点，将其作为边缘点。

3. LOG 算子

LOG 算子的全称是 Laplacian of Gaussian，即高斯拉普拉斯算子。它结合了拉普拉斯算子（用于边缘增强）和高斯滤波器（用于去噪）的特点。

4.1.4 边缘检测算子比较

边缘检测算子的区别主要在于采用的模板和元素系数不同。目前最常用的边缘检测算子是 Sobel 算子、LOG（Laplacian-Gauss）算子和 Canny 算子，特点比较如表 4-1 所示。

表 4-1 常用边缘检测算子特点比较

算　子	特　　点
Roberts	对具有陡峭的低噪声的图像处理效果较好，但利用 Roberts 算子提取边缘的结果是边缘比较粗，因此边缘定位不是很准确
Sobel	对灰度渐变和噪声较多的图像处理效果比较好，Sobel 算子对边缘定位比较准确
Prewitt	模板简单，对灰度渐变和噪声较多的图像处理效果较好
Laplacian	对图像中的阶跃性边缘点定位准确。对噪声非常敏感，丢失一部分边缘的方向信息，造成一些不连续的检测边缘
Canny	不容易受噪声干扰，能够检测到真正的弱边缘
LOG	结合了拉普拉斯算子和高斯滤波器（用于去噪）的特点

4.1.5 边缘检测示例

1. Sobel 算子示例

以下是使用 OpenCV 实现 Sobel 算子的一个基本示例。

例程 4-1　Sobel 算子

```
import cv2
import numpy as np
# 读取图像,确保路径正确且图像存在
image = cv2.imread('image4.1.5.jpg', cv2.IMREAD_GRAYSCALE)
# 应用 Sobel 算子
# 使用 cv2.CV_64F 输出图像的深度,可以避免潜在的溢出问题
# 计算 x 方向的梯度
sobel_x = cv2.Sobel(image, cv2.CV_64F, 1, 0, ksize = 5)
# 计算 y 方向的梯度
sobel_y = cv2.Sobel(image, cv2.CV_64F, 0, 1, ksize = 5)
# 计算梯度的幅度
sobel_mag = np.sqrt(sobel_x ** 2 + sobel_y ** 2)
# 归一化梯度幅度图像到 0～255
sobel_mag = cv2.normalize(sobel_mag, None, alpha = 0, beta = 255, norm_type = cv2.NORM_MINMAX,
dtype = cv2.CV_8U)
# 显示结果
cv2.imshow('Sobel X', sobel_x.astype(np.uint8))        # 转换为 uint8 以显示
cv2.imshow('Sobel Y', sobel_y.astype(np.uint8))        # 转换为 uint8 以显示
cv2.imshow('Sobel Magnitude', sobel_mag)
# 等待按键后关闭所有窗口
cv2.waitKey(0)
cv2.destroyAllWindows()
```

在这个示例中，读取了一个灰度图像，使用 cv2.Sobel() 函数分别计算 x 方向和 y 方向的 Sobel 边缘图，然后计算这两个边缘图的梯度幅度，并将其归一化到 0～255 范围，以便显示，如图 4-7 所示。

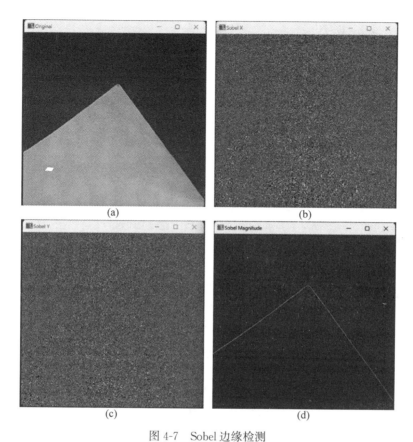

图 4-7　Sobel 边缘检测

（a）原始图像；（b）x 方向 Sobel 边缘图；（c）y 方向 Sobel 边缘图；（d）边缘图的梯度幅度

ksize 参数指定了 Sobel 算子使用的卷积核大小，这里设置为 5。可以根据需要调整这个参数。

2. Canny 算子示例

这个示例读取一幅图像，将其转换为灰度图像，并使用 Canny 算法进行边缘检测，结果如图 4-8 所示，检出边缘比较细。

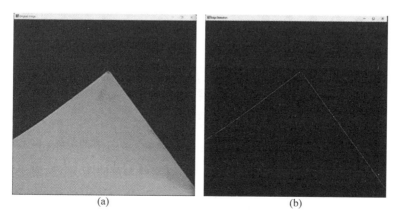

图 4-8　Canny 边缘检测结果

（a）原始图像；（b）Canny 边缘检测

例程 4-2   Canny 算子

```
import cv2
# 读取图像
img = cv2.imread('image4.1.5.jpg')
# 将图像转换为灰度图像
gray = cv2.cvtColor(img, cv2.COLOR_BGR2GRAY)
# 使用 Canny 算法进行边缘检测
edges = cv2.Canny(gray, 300, 470)
# 显示原始图像和边缘检测结果
cv2.imshow('Original Image', img)
cv2.imshow('Edge Detection', edges)
cv2.waitKey(0)                              # 按任意键关闭窗口
cv2.destroyAllWindows()                     # 关闭所有窗口
```

4.2 USAN 算子

4.2.1 USAN 原理

USAN(univalue segment assimilating nucleus)的中文名称有多个,如核值相似区、同值收缩核区和核心值相似区域等。USAN 算子用 37 个像素单位构成圆形模板,如图 4-9 所示,是一种高效的边缘和角点检测算子,并且具有结构保留的降噪功能。

如图 4-10 所示,在一个白色的背景上,有一个深颜色的矩形区域。用一个 USAN 模板 e 在图像上移动,若模板覆盖的目标图像的像素灰度与模板中心的像素(核)灰度值小于一定的阈值,则认为该点与核具有相同的灰度,满足该条件的像素组成的区域称为 USAN。

图 4-9   USAN 模板

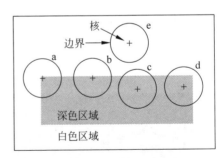

图 4-10   USAN 示意图

图 4-10 中的 e 模板完全处于白色的背景中,根据前面对 USAN 的定义,该模板处的 USAN 值是最大的;随着 e 模板的移动,到达 c 和 d 位置,USAN 值逐渐减少;当模板移动到 b 处时,其中心位于边缘直线上,此时其 USAN 值逐渐减小为最大值的一半;而模板移动到角点处 a 时,此时的 USAN 值最小。

USAN 提取边缘和角点算法的基本原理如下。

(1) 边缘处的点的 USAN 值小于或等于最大值的一半。

(2) 角点处的 USAN 值最小。

4.2.2 USAN 算子的特点

USAN 算子具有如下特点。

(1) 进行检测时不需要求导数,有噪声时 USAN 算子的性能较好。

(2) 对边缘的响应将随着边缘的平滑或模糊而增强。

(3) USAN 检测算子能提供不依赖于模板尺寸的边缘精度。

(4) 控制参数的选择很简单,且任意性较小。

4.3 哈里斯角点检测

4.3.1 哈里斯角点检测特点

哈里斯角点检测(Harris corner detector)在任意方向上移动,都会有很明显的变化。

哈里斯角点检测的性质如下。

(1) 阈值影响角点检测的灵敏度和数量。

(2) 对亮度和对比度的变化不灵敏。

(3) 具有旋转不变性。

(4) 不具有尺度不变性。尺度的变化可能会将角点变为边缘,或者将边缘变为角点。

4.3.2 哈里斯角点检测示例

哈里斯角点算子在 OpenCV 中可以通过 cv2.cornerHarris()函数实现。

下面是一个使用 OpenCV 进行哈里斯角点检测的 Python 代码示例,效果如图 4-11 所示,准确检测出角点。

例程 4-3 Harris 角点检测

```
import cv2
# 读取图像
image = cv2.imread('image4.3.2.jpg')
# 转换为灰度图像
gray = cv2.cvtColor(image, cv2.COLOR_BGR2GRAY)    # 使用 BGR 到灰度的转换
# 应用高斯模糊以减少图像噪声
gray = cv2.GaussianBlur(gray, (5, 5), 1.5)        # 使用 5×5 的核和 1.5 的标准差进行模糊
# Harris 角点检测
harris_response = cv2.cornerHarris(gray, blockSize = 2, ksize = 3, k = 0.04)
# 参数说明:
# blockSize: 考虑角点检测的邻域大小
# ksize: Sobel 算子的窗口大小
# k: Harris 角点检测方程中的自由参数
# 非极大值抑制
maxima = cv2.dilate(harris_response, None)
# 使用阈值标定强角点
thresh = 0.2 * maxima.max()                       # 设定阈值为最大响应值的 1%
ret, corners = cv2.threshold(maxima, thresh, 255, cv2.THRESH_BINARY)
# 对阈值化后的图像进行类型转换,准备绘制角点
```

```
corners = np.uint8(corners)
# 找到所有的轮廓,这些轮廓对应连续的角点区域
contours, _ = cv2.findContours(corners, cv2.RETR_EXTERNAL, cv2.CHAIN_APPROX_SIMPLE)
# 绘制角点
for contour in contours:
    # 通过计算轮廓的重心绘制角点
    moments = cv2.moments(contour)
    if moments['m00'] != 0:
        cx = int(moments['m10'] / moments['m00'])
        cy = int(moments['m01'] / moments['m00'])
        cv2.circle(image, (cx, cy), 5, (0, 255, 0), thickness = 2)
# 显示图像
cv2.imshow('Harris Corners', image)
cv2.waitKey(0)
cv2.destroyAllWindows()
```

彩图 4-11

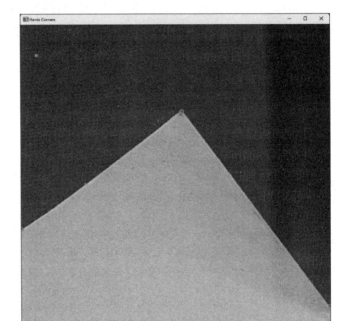

图 4-11　哈里斯角点检测效果

4.4　霍夫变换

4.4.1　霍夫变换检测直线原理

霍夫变换(Hough transform),用于检测图像中的直线、椭圆、圆。

霍夫变换的基本原理是将图像空间(也称为笛卡儿空间)中的点转换到参数空间(极坐标空间)。在参数空间中,每个点对应一条或多条可能的直线,通过累加器的方式统计参数空间中通过该点的线,从而把检测任意形状的问题转化为统计最大值的问题,从而确定图像中存在的直线。

图 4-12 中,对于任意一个点 (x,y),可以将通过这个点的一"族"直线统一定义为极坐标系表达式:

$$\rho = y\sin\theta + x\cos\theta \tag{4-1}$$

其中,θ 是直线的倾斜角,ρ 是原点到直线的最短距离。

一般来说,一条直线能够通过在平面 (θ,ρ) 寻找交于一点的曲线数量检测。而越多曲线交于一点也就意味着这个交点表示的直线由越多的点组成。通常可以定义检测一条线所需的最小交点数量的阈值,这就是霍夫变换的作用。它跟踪图像中每个点的曲线之间的交点。如果交点的数量大于某个阈值,就认为这个交点代表的参数对 (θ,ρ) 在原图像中为一条直线。

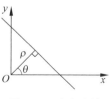

图 4-12 定义直线

4.4.2 霍夫变换检测直线示例

OpenCV 提供了 cv2.HoughLines() 和 cv2.HoughLinesP() 函数来实现霍夫变换直线检测。cv2.HoughLines() 用于检测无限长的直线,而 cv2.HoughLinesP() 用于检测有限长的线段。

函数 cv2.HoughLines() 的语法格式为

```
lines = cv2.HoughLines(image,rho,theta,threshold)
```

参数说明如下。

image:输入图像,即原始图像,必须是 8 位的单通道二值图像。如果是其他类型的图像,在进行霍夫变换之前,需要将其修改为指定格式。

rho:以像素为单位的距离 r 的精度。一般情况下,使用的精度为 1。

theta:角度 θ 的精度。一般情况下,使用的精度为 np.pi/180,表示要搜索的所有可能的角度。

threshold:阈值。该值越小,判定出的直线越多。通过上一节的分析可知,识别直线时,要判定有多少个点位于该直线上。在判定直线是否存在时,对直线穿过的点的数量进行评估,如果直线穿过点的数量小于阈值,则认为这些点恰好(偶然)在算法上构成直线,但是在原始图像中该直线并不存在;如果大于阈值,则认为直线存在。所以,如果阈值较小,就会得到较多的直线;阈值较大,就会得到较少的直线。

返回值 lines 中的每个元素都是一对浮点数,表示检测到的直线的参数,即 (r,θ),是 numpy.ndarray 类型。

以下是使用 OpenCV 中 cv2.HoughLines() 函数检测直线的示例代码。

例程 4-4 直线检测

```
import cv2
import numpy as np
# 读取图像
image = cv2.imread('image4.4.2.png')
# 转换图像为灰度图,因为边缘检测通常在单通道图像上进行
gray = cv2.cvtColor(image, cv2.COLOR_BGR2GRAY)
# 使用高斯模糊减少图像噪声和细节
blurred = cv2.GaussianBlur(gray, (5, 5), 0)# 使用 5×5 的核与 0 的标准差进行模糊
```

```
# 使用 Canny 算法进行边缘检测
# 参数 50 和 150 是 Canny 推荐的低阈值和高阈值
edges = cv2.Canny(blurred, 20, 45)
# 使用霍夫变换检测直线
lines = cv2.HoughLines(edges, 3, np.pi / 180, 260)
# 检查是否检测到任何线
if lines is not None:
    # 绘制每条线
    for rho, theta in lines[:, 0]:
        a = np.cos(theta)
        b = np.sin(theta)
        x0 = a * rho
        y0 = b * rho
        # 计算直线的两个端点
        x1 = int(x0 + 1000 * (-b))
        y1 = int(y0 + 1000 * (a))
        x2 = int(x0 - 1000 * (-b))
        y2 = int(y0 - 1000 * (a))
        # 在原图上绘制直线
        cv2.line(image, (x1, y1), (x2, y2), (0, 0, 255), 2)
# 显示结果
cv2.imshow('Detected Lines', image)
cv2.waitKey(0)
cv2.destroyAllWindows()
```

在这个示例中,首先读取图像并将其转换为灰度图像,然后应用高斯模糊和 Canny 算子进行边缘检测。接着,使用 cv2.HoughLines()函数检测边缘图像中的直线,并在原始图像上绘制这些直线,如图 4-13 所示。

彩图 4-13

图 4-13 霍夫变换检测瓷砖直线

4.4.3 改进霍夫变换检测直线

霍夫变换 HoughLines() 函数没有考虑所有的点,存在误检测,因此提出了霍夫变换的改进版——概率霍夫变换。概率霍夫变换只需要一个足以进行线检测的随机点子集即可。

概率霍夫变换算法还对选取直线的方法进行了两点改进。

1. 接受直线的最小长度

如果多个像素点构成了一条直线,但是这条直线很短,低于所接受直线的最小长度,那么就不会接受该直线作为判断结果。

2. 接受直线时允许的最大像素点间距

如果多个像素点构成了一条直线,但是这组像素点之间的距离都很远,大于接受直线时允许的最大像素点间距,就不会接受该直线作为判断结果。这条直线可能是图像中的若干像素点恰好随机构成了一种算法上的直线关系,实际上原始图像中并不存在这条直线。

4.4.4 改进霍夫变换检测直线示例

在 OpenCV 中,函数 cv2. HoughLinesP() 实现了概率霍夫变换。其语法格式为

lines = cv2.HoughLinesP(image, rho, theta, threshold, minLineLength, maxLineGap)

参数说明如下。

image:输入图像,即原始图像,必须为 8 位的单通道二值图像。对于其他类型的图像,在进行霍夫变换之前,需要将其修改为指定的格式。

rho:以像素为单位的距离 r 的精度。一般情况下,使用的精度为 1。

theta:角度 θ 的精度。一般情况下,使用的精度是 np. pi/180,表示要搜索的所有可能的角度。

threshold:阈值。该值越小,判定出的直线越多;值越大,判定出的直线越少。

minLineLength:用于控制"接受直线的最小长度"的值,默认值为 0。

maxLineGap:用于控制接受共线线段之间的最小间隔,即在一条线中两点的最大间隔。如果两点间的间隔超过了参数 maxLineGap 的值,就认为这两点不在一条线上。默认值为 0。

返回值 lines 是由 numpy. ndarray 类型的元素构成的,其中每个元素都是一对浮点数,表示检测到的直线的参数。

例程 4-5 概率霍夫变换直线检测

```
import cv2
import numpy as np
# 读取图像
image = cv2.imread('image4.4.2.png')
# 转换图像为灰度图,因为边缘检测通常在单通道图像上进行
gray = cv2.cvtColor(image, cv2.COLOR_BGR2GRAY)
# 使用高斯模糊减少图像噪声和细节
blurred = cv2.GaussianBlur(gray, (5, 5), 0)# 使用 5×5 的核与 0 的标准差进行模糊
# 使用 Canny 算法进行边缘检测
# 参数 50 和 150 是 Canny 推荐的低阈值和高阈值
edges = cv2.Canny(blurred, 20, 45)
```

```
# 使用霍夫变换检测直线
lines = cv2.HoughLinesP(edges, 1, np.pi / 180, 1, minLineLength = 20, maxLineGap = 5)
# 检查是否检测到任何线
if lines is not None:
    # 绘制每条线
    for line in lines:
        x1, y1, x2, y2 = line[0]
        # 在原图上绘制直线
        cv2.line(image, (x1, y1), (x2, y2), (0, 0, 255), 2)
# 显示结果
cv2.imshow('Detected Lines', image)
cv2.waitKey(0)
cv2.destroyAllWindows()
```

从图 4-14 中可以看出,概率霍夫变换可以检测出图中玩具及瓷砖线段,比基本霍夫变换更精确一些。

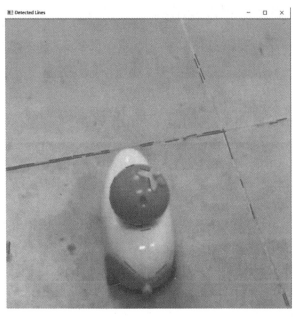

图 4-14　概率霍夫变换

4.4.5　霍夫变换检测圆原理

霍夫圆变换的基本原理是将图像空间中的圆转换为参数空间中的点,通过投票方式生成累计坐标平面,设置一个累积权重以定位圆的位置。这一过程与霍夫线检测的原理类似,但适用于检测圆形物体。在二维图像空间中,圆的一般方程为

$$(x-a)^2 + (y-b)^2 = r^2 \tag{4-2}$$

其中,(a,b) 为圆心坐标,r 是半径。将这个圆方程转换为极坐标方程如下:

$$\begin{cases} a = x - r\cos\theta \\ b = y - r\sin\theta \end{cases} \tag{4-3}$$

如此,图像空间中的圆就被转换为参数空间中的点。判断坐标系中每一相交点的曲线

累积数量,如果大于一定阈值,则认为该点为所检测的圆。

4.4.6 改进霍夫变换检测圆

在 OpenCV 中使用霍夫梯度法改进霍夫圆变换算法,用于提高圆检测的效率和鲁棒性。

与标准霍夫圆变换类似,霍夫梯度法也基于将图像空间中的圆形映射到参数空间中的点这一思想。不同之处在于,霍夫梯度法利用边缘点的梯度方向对每个边缘点进行投票,而不是简单地累加所有可能的圆心。梯度方向代表了边缘点所在圆的切线方向,因此,只有当圆心的位置与边缘点的梯度方向一致时,才会对该圆进行投票。

霍夫梯度法包含以下步骤。

(1)边缘检测:使用 Canny 等边缘检测算法获取图像的边缘点集合。

(2)梯度计算:使用 Sobel 算子等方法计算每个边缘点的梯度方向。

(3)参数空间投票:遍历所有可能的圆心坐标(x,y)和半径 r。计算该圆上与边缘点相交的点的梯度方向。将这些梯度方向与边缘点的梯度方向进行比较。如果两者一致,则为该候选圆在参数空间中对应的点投票。

(4)局部最大值检测:在参数空间中寻找投票数最多的点,这些点对应的参数即为图像中存在的圆的参数。

(5)圆形绘制:根据检测到的圆参数,绘制图像中的圆形。

4.4.7 霍夫变换检测圆示例

OpenCV 提供 HoughCircles()函数检测圆。

circles = cv2.HoughCircles(image,method,dp,minDist,param1,param2,minRadius,maxRadius)

参数说明如下。

image:输入的灰度图像。

method:提供了 4 种检测圆的方法,其参数可选值如下。

cv2. HOUGH_GRADIENT:霍夫梯度法,是 OpenCV 中最常用的圆检测方法,通过计算图像中的梯度确定圆心的可能位置,然后对这些位置进行投票,以确定真实的圆心。这种方法的问题是对噪声敏感。

cv2. HOUGH_GRADIENT_ALT:霍夫梯度法的另一种实现。

cv2. HOUGH_PROBABILISTIC:概率霍夫变换,与霍夫梯度法的区别在于,并不通过全局投票确定圆心,并检查一些候选点是否符合圆的方程,它通常产生较少的假阳性结果,但可能检测不到某些圆。

cv2. HOUGH_MULTI_SCALE:多尺度霍夫变换,将在不同尺度上应用霍夫变换,对缩放、旋转和倾斜变化具有更好的鲁棒性。

dp:用于控制霍夫变换的分辨率,值越大,检测的圆越少,但越准确。

minDist:圆心之间的最小距离。

param1:边缘检测时使用 Canny 算子的高阈值,低阈值是高阈值的一半。

param2:检测阶段圆心的累加器阈值。值越小,可检测到的假圆越多(因为满足累加器上限的条件变多了)。

　　minRadius，maxRadius：圆半径的最小值、最大值。

例程 4-6　圆检测

```
import cv2
import numpy as np
# 读取图像
image = cv2.imread('image4.4.2.png')
# 转换为灰度图
gray = cv2.cvtColor(image, cv2.COLOR_BGR2GRAY)
# 使用高斯滤波消除噪声
gray = cv2.GaussianBlur(gray, (9, 9), 2, 2)
# 应用 HoughCircles()函数检测圆
circles = cv2.HoughCircles(gray, cv2.HOUGH_GRADIENT, dp = 1, minDist = 20,
                           param1 = 50, param2 = 30, minRadius = 0, maxRadius = 0)
# 确保至少发现了一个圆
if circles is not None:
    circles = np.uint16(np.around(circles))
    for i in circles[0, :]:
        # 绘制圆轮廓
        cv2.circle(image, (i[0], i[1]), i[2], (0, 255, 0), 2)
        # 绘制圆心
        cv2.circle(image, (i[0], i[1]), 2, (0, 0, 255), 3)
# 显示结果
cv2.namedWindow('Detected Circles', cv2.WINDOW_NORMAL)
cv2.imshow('Detected Circles', image)
cv2.waitKey(0)
cv2.destroyAllWindows()
```

如图 4-15 所示，例程准确地检测出玩具上的圆轮廓。

彩图 4-15

图 4-15　圆检测

4.5 轮廓提取

4.5.1 轮廓提取相关函数

轮廓通常指图像中对象边界的一系列点,通常描述了对象边界的关键信息,包含有关对象形状的主要信息,该信息可用于形状分析与对象检测和识别。

轮廓提取是指从图像中提取出物体轮廓的过程。在 OpenCV 中,可以使用 findContours() 函数实现轮廓提取。

1. findContours() 函数原型

```
cv2.findContours(image,mode,method [,contours[,hierarchy[,offset ]]])
```

参数说明如下。

image:输入图像,通常是一个二值图像。

mode:轮廓检索模式。它可以是以下值之一。

cv2.RETR_EXTERNAL:只检索最外层的轮廓。

cv2.RETR_LIST:检索所有轮廓,并以列表形式返回。

cv2.RETR_CCOMP:检索所有轮廓,并以树状结构形式返回。此时,轮廓被分为不同的层级。

cv2.RETR_TREE:检索所有轮廓,并以完整的树状结构形式返回。

method:轮廓近似方法。它可以是以下值之一。

cv2.CHAIN_APPROX_NONE:存储轮廓上的所有点。

cv2.CHAIN_APPROX_SIMPLE:压缩水平、垂直和对角方向的轮廓点。

cv2.CHAIN_APPROX_TC89_L1 和 cv2.CHAIN_APPROX_TC89_KCOS:使用 L1 和 KCOS 链逼近算法。

contours(可选):输出参数,返回检测到的轮廓。

hierarchy(可选):输出参数,返回轮廓的层次结构。它是一个多通道多维数组,其中每个轮廓由三个数组组成:[next,previous,first_contour]。其中,next 是下一个轮廓的索引,previous 是上一个轮廓的索引,first_contour 是起始轮廓的索引。

offset(可选):偏移量,指定从哪里开始搜索轮廓。例如,指定了(10,10),则从图像的(10,10)位置开始搜索轮廓。

返回值:如果指定了 contours 参数,则此函数返回被检测到的第一个轮廓的索引;否则,不返回任何内容。

2. drawContours() 函数原型

```
cv2.drawContours(image,contours,contourIdx,color[,thickness[,lineType[,hierarchy ]]])
```

参数说明如下。

image:输入/输出图像。可以提供一个初始图像(用于绘制轮廓)或一个空图像(将返回绘制好的轮廓图像)。

　　contours：输入轮廓的列表。通常是通过 cv2. findContours 函数获得的轮廓列表。

　　contourIdx：要绘制的轮廓的索引。如果要绘制所有轮廓,则将其设置为−1。

　　color：轮廓的颜色。通常使用 BGR 格式,例如(255,0,0)表示蓝色。

　　thickness(可选)：线条的厚度。如果为负数(如−1),则填充轮廓内部。

　　lineType(可选)：线条类型,可以是 cv2. LINE_8、cv2. LINE_4 或 cv2. LINE_AA。

　　hierarchy(可选)：轮廓的层次结构信息,通常与 cv2. findContours 一起使用。

3. contourArea()函数原型

cv2. contourArea()是 OpenCV 中的一个函数,用于计算轮廓的面积。这个函数对于分析图像中的对象或区域非常有用。

```
cv2.contourArea(contour[,oriented_area])
```

参数说明如下。

contour：这是一个轮廓的点集,通常通过 cv2. findContours()函数获得。

oriented_area(可选)：如果提供了这个参数,则返回有方向的面积。0 表示顺时针方向,正数表示逆时针方向。

返回值：返回轮廓的面积。

4.5.2　轮廓提取示例

示例 1：直接查找轮廓实现步骤如下。

(1) 读取图像转为灰度图。

(2) 二值化。二值转换将图像转为黑白,高亮目标物体。阈值化把图像中目标的边界转化为白色,所有边界像素有同样灰度值,算法就可以通过这些边界白色像素检测到目标物体的边界。轮廓算法的准确率和质量取决于二进制图像的质量。

(3) 用 findContours()方法查找轮廓。

(4) 用 drawContour()画出边缘。

例程 4-7　查找轮廓

```
# 读取图像
fiber = cv2.imread("./Filesmall.jpg")    # 读取原图
# 转换为灰度图
gray = cv2.cvtColor(fiber, cv2.COLOR_BGR2GRAY)
# 使用二值化
_, binary = cv2.threshold(gray, 127, 255, cv2.THRESH_BINARY)
# 查找轮廓
contours, _ = cv2.findContours(binary, cv2.RETR_TREE, cv2.CHAIN_APPROX_SIMPLE)
# 绘制轮廓
cv2.drawContours(fiber, contours, -1, (0, 255, 0), 3)
# 显示图像
```

```
cv2.imshow('findContours', fiber)
cv2.waitKey(0)
cv2.destroyAllWindows()
```

轮廓检测结果如图 4-16 所示，找到多个几何形状轮廓。

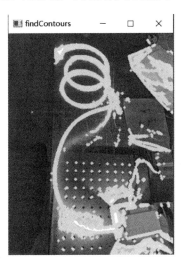

彩图 4-16

图 4-16　轮廓检测结果

示例 2：运用 contourArea( )函数提取光纤目标轮廓。

例程 4-8　用面积区分目标轮廓

```
import cv2
import numpy as np
# 加载图像并转换为灰度图
original = cv2.imread("./Filesmall.jpg")                   # 读取原始图像
fiber = cv2.imread("./Filesmall.jpg")                      # 读取原始图像
gray = cv2.cvtColor(fiber, cv2.COLOR_BGR2GRAY)
# 二值化处理
_, thresh = cv2.threshold(gray, 200, 255, cv2.THRESH_BINARY)
# 查找轮廓
contours, hierarchy = cv2.findContours(thresh, cv2.RETR_TREE, cv2.CHAIN_APPROX_SIMPLE)
for i, contour in enumerate(contours):
    cnt_area = cv2.contourArea(contour) #计算第一个轮廓面积
    print(cnt_area)
    if cnt_area > 200:
        cv2.drawContours(fiber, contours, i, (0, 0, 255), 3)   # 用红色线条绘制第一个轮廓

cv2.imshow('Original', original)
cv2.imshow('Binary', thresh)
cv2.imshow('Contours', fiber)
cv2.waitKey(0)
cv2.destroyAllWindows()
```

如图 4-17 所示，例程运用 contourArea( )函数进行筛选，单独提取光纤轮廓。

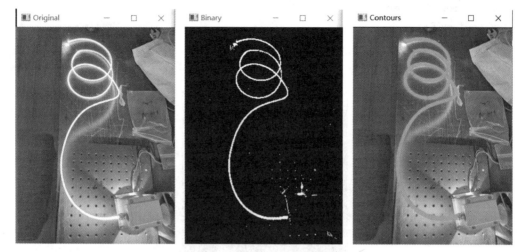

彩图 4-17

图 4-17 提取光纤轮廓结果

4.6 小结

针对边缘、角点、直线、圆、轮廓等特征识别,介绍了边缘检测、USAN 算子、哈里斯角点检测、霍夫变换、轮廓提取函数等一系列方法。

习题

4.1 边缘剖面形状有几种?

4.2 一阶、二阶导数算子各有哪些,其作用分别是什么?

4.3 简述 USAN 算子的特点和优点。

4.4 检测直线和椭圆的算子有哪些?

第5章 图像分割

图像分割是指按照一定的原则将图像分为若干特定的、具有独特性质的部分或子集,并提取感兴趣的目标,便于更高层次的分析和理解,因此图像分割是目标特征提取、识别与跟踪的基础。常用图像分割方法如图 5-1 所示。

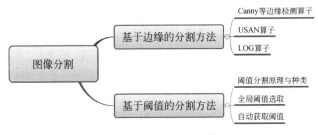

图 5-1 常用图像分割方法

5.1 基于边缘的分割方法

图像的边缘是图像的基本特征,是图像灰度突变的结果,是不同区域的分界处,因此它是图像分割依赖的重要特征。因此通过搜索不同区域之间的边界,完成图像的分割。

具体做法:首先利用合适的边缘检测算子(见 4.1 节)提取待分割场景不同区域的边界,然后对边界内的像素进行连通和标注,从而构成分割区域。目前最常用的边缘检测算子是 Sobel 算子、LOG 算子和 Canny 算子。

5.2 基于阈值的分割方法

5.2.1 阈值分割原理与种类

阈值法特别适用于目标和背景处于不同灰度级范围的图像。

目标或背景内部的相邻像素间灰度值是相似的,但是不同目标或背景上像素灰度差异较大,反映在直方图上就是不同目标或背景对应不同的峰,分割时,选取的阈值应位于直方图两个不同峰之间的谷上,以便将各个峰分开。因此通过阈值定义图像中不同目标的区域归属。

具体做法:首先在图像的灰度取值范围内选择一个灰度阈值,然后将图像中各像素的灰度值与这个阈值比较,并根据比较的结果将图像中的像素划分为两类,若图像中有多个灰度值不同的区域,那么可以选择一系列的阈值以便将每个像素分到合适的类别中。

基于阈值的分割方法的关键在于灰度图阈值大小的选取。

若图像只有目标和背景两大类,那么只需选取一个阈值进行分割,此方法称为单阈值分割;但是如果图像中有多个目标需要提取,单一阈值的分割就会出现错误,在这种情况下就需要选取多个阈值将每个目标分割,这种分割方法相应地称为多阈值分割。

阈值选取依据:

(1)全局阈值仅取决于图像灰度值。

(2)局部阈值取决于图像灰度值和该点邻域的某种局部特性。

(3)动态阈值除取决于图像灰度值和该点邻域的某种局部特性外,还取决于空间坐标。

5.2.2 全局阈值选取

假定物体和背景分别处于不同灰度级,图像被零均值高斯噪声污染,图像的灰度分布曲

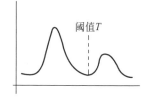

图 5-2 单阈值

线近似用两个正态分布概率密度函数分别代表目标和背景的直方图,利用这两个函数的合成曲线拟合整体图像的直方图,图像的直方图将出现两个分离的峰值,如图 5-2 所示。

由于图像直方图计算代价较小,且具有图像平移、旋转、缩放不变性等众多优点,广泛地应用于图像处理的各领域,特别是灰度图像的阈值分割、基于颜色的图像检索以及图像分类,图 5-3 所示为用单阈值分割钱币示例。

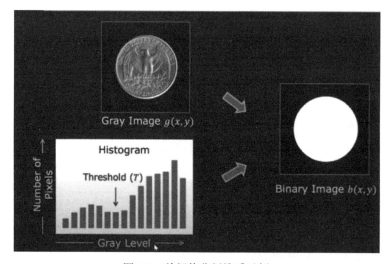

图 5-3 单阈值分割钱币示例

1. 极小值点阈值

将直方图的包络看作一条曲线(图 5-2),则选取直方图的谷,可借助求曲线极小值的

方法。

判断函数极大值及极小值：结合一阶、二阶导数可以求函数的极值。当一阶导数等于 0，而二阶导数大于 0 时，为极小值点；当一阶导数等于 0，而二阶导数小于 0 时，为极大值点；当一阶导数和二阶导数都等于 0 时，为驻点。

2. 最优阈值

图像混有加性高斯噪声时，如图 5-4 所示，函数 $p_1(z)$ 与 $p_2(z)$ 有重叠区，需引入最优阈值法。假设灰度直方图的概率分布模型可由两个不同的正态分布相加得到，那么两个正态分布的交点便为最优阈值点。设 $p_1(z)$ 对应背景，$p_2(z)$ 对应目标；P_1 为是背景的概率，P_2 为目标的概率，则有

$$P_1 p_1(z) = P_2 p_2(z) \tag{5-1}$$

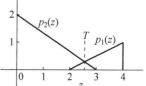

图 5-4 所示函数中，如果 $P_1 = 1/4, P_2 = 3/4$，分割目标和背景的最佳阈值求解如下。

（1）分别求得函数式 $p_1 = (z-2)/2$ 和 $p_2 = -2z/3 + 2$。

（2）根据式（5-1）求出最佳阈值 $z = 14/5$。

图 5-4 最优阈值

$1/4 \times (z-2)/2 = 3/4 \times (-2z/3+2)$，故 $z = 14/5$

5.2.3 自动获取阈值

在实际阈值分割过程中，往往需要自动获取阈值，下面的步骤可以自动获得全局阈值。

（1）选取一个的初始估计值 T。

（2）用 T 分割图像。这样便会生成两组像素集合：G_1 由所有灰度值大于 T 的像素组成，而 G_2 由所有灰度值小于或等于 T 的像素组成。

（3）对 G_1 和 G_2 中所有像素计算平均灰度值 u_1 和 u_2。

（4）计算新的阈值：$T = 1/2(u_1 + u_2)$。

（5）重复步骤（2）到步骤（4），直到逐次迭代所得的 T 值之差小于事先定义的参数 T_0。

5.3 米粒图像分割综合示例

本节介绍如何运用图像处理算法求一幅图像中有多少颗米粒。

5.3.1 软件环境

1. 安装 Anaconda、Pycharm 和 OpenCV 库

为便于下载库包并管理 Python 的库包，从官网下载 Anaconda，安装后配置好环境变量，然后创建虚拟环境，在虚拟环境中安装代码库包。

（1）按快捷键 Win+R，输入 cmd，打开命令行，在命令行使用指令：

```
conda create - n virtual_env_name python = 3.9
```

等待虚拟环境创建成功，如果下载延迟，可以配置镜像环境。

（2）使用以下指令激活虚拟环境，这样才能在其中安装库包。

Windows 环境：activate virtual_env_name

（3）执行以下指令安装 OpenCV 库：

```
pip install opencv-contrib-python == 4.5.4.60
```

也可以安装其他版本。

Pycharm 是 Jetbrains 公司出品的专为 Python 打造的 IDE，使用体验极佳，从官网下载 Pycharm，安装后新建项目，在右下角选择添加解释器，选择 conda 环境，可以找到创建的 virtual_env_name，选择后就可以在 IDE 中编辑使用虚拟环境中的代码库包。

2. 配置 OpenCV

使用 Python 进行 OpenCV 的配置十分简单，只需输入代码：

```
Import cv2
```

就可以调用 OpenCV 库的各种函数进行图像操作。

5.3.2 实验 1：转灰度图

主要图像处理函数介绍如下。

1. 读取图像

```
img_variable = cv2.imread('path/img',flags)
```

变量存储的实际上是一个 BGR 三维数组：

```
[first_line [ [BGR1] [BGR2]... [BGRn] ]
```

flags 默认不写为 1，为彩色三个通道；0 为灰度单个通道；−1 为含 alpha 透明通道。

img_variable 有以下方法。

img_variable. shape：返回数组[长，宽，通道数]。

img_variable. size：返回长×宽×通道数。

img_variable[index]：返回某一行像素点，其中 index 表示第 index 行像素点（BGR）。

img_variable[index,index,index]：依次为读取某一行像素点/某一个像素点/BGR 中的某一个。

2. 显示图像

cv2. imshow('name',img_variable)：显示读取到的图像数据。

cv2. waitKey(millisecond)：配套 imshow 使用，在等待时间内按键会返回对应的键值，关闭图像；否则等待时间过后返回−1，关闭图像。毫秒值≤0 时则一直等待键盘按键，实现图像持续展示。

3. 灰度处理

```
gray_variable = cv2.cvtColor(img_variable, cv2.COLOR_BGR2GRAY)
```

采用 cvtColor 函数灰度化图像，将彩色图像转换为灰度图像采用的公式是 $Gray = 0.3R + 0.59G + 0.11B$，该方法是从人体生理学角度提出的一种权值，因为人眼对绿色的敏感度最高，对蓝色敏感度最低，所以赋予绿色的权重高、蓝色的权重低。

由于米粒图像原本就是一张灰白的图，所以灰度化后的图像在肉眼上与原图基本没有差别，如图 5-5 所示。

例程 5-1　转灰度图

```
import cv2
img = cv2.imread("img.jpg")
img = cv2.resize(img,None,fx = 0.5,fy = 1)
cv2.imshow("img",img)
#转灰度图
gray = cv2.cvtColor(img,cv2.COLOR_BGR2GRAY)
cv2.imshow("gray",gray)
cv2.waitKey(0)
cv2.destroyAllWindows()
```

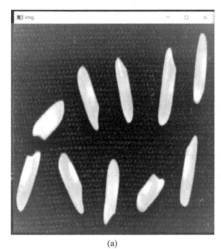
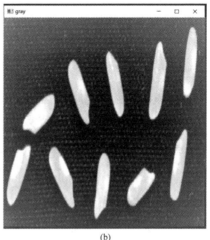

(a)　　　　　　　　　　　　　　　(b)

图 5-5　灰度化后的图像

(a)原始图像；(b) 灰度化后的图像

5.3.3　实验 2：边缘检测与形态学

示例程序展示了 USAN 算子边缘检测实现原理。

（1）建立 USAN 模板：采用半径为 3，共计 37 个像素的类圆形模板；定义两个数组存储模板像素相对于模板中心像素的位置信息，当确定中心像素位置后，遍历两个数组便可取到模板内每个像素的灰度值。

int OffSetX[37]＝{ −1,0,1,−2,−1,0,1,2,−3,−2,−1,0,1,2,3,−3,−2,−1,0, 1,2,3,−3,−2,−1,0,1,2,3,−2,−1,0,1,2,−1,0,1 };

int OffSetY[37]＝{ −3,−3,−3,−2,−2,−2,−2,−2,−1,−1,−1,−1,−1,−1, −1,0,0,0,0,0,0,0,1,1,1,1,1,1,1,2,2,2,2,2,3,3,3 };

（2）确定 USAN 区域：利用这个圆形模板扫描整个图像，将模板内部每个像素的灰度与模板中心像素的灰度进行比较，并且给定阈值 t，确定像素是否属于 USAN 区域。这里定义了一个计数变量 sameNum，记录模板中符合条件的像素数量。

（3）边缘判定：给定门限阈值 g，将上述 USAN 区域的像素数量与 g 比较，若小于门限值，则将模板中心点判定为边缘点，将其灰度值赋为 255；否则赋为 0。

（4）对检测结果进行形态学处理。这部分主要是避免 USAN 进行边缘检测后米粒边缘出现断裂现象。

腐蚀和膨胀是最基本的形态学运算。腐蚀和膨胀都是针对白色部分(高亮部分)而言的,膨胀是对图形高亮部分进行扩充,效果图拥有比原图更大的高亮区域;腐蚀是原图中的高亮区域被蚕食,效果图拥有比原图更小的高亮区域。要对将断裂的米粒边缘进行先膨胀再腐蚀的操作,这在形态学中称为闭运算。

在 OpenCV 内,采用函数 cv2. dilate()实现图像的膨胀操作,该函数的语法结构为

dst = cv2. dilate (src, kernel, iterations)

参数 dst 表示处理的结果,src 表示原始图像,kernel 表示卷积核,iterations 表示迭代次数。迭代次数默认为 1,表示进行一次膨胀,也可以根据需要进行多次迭代、多次膨胀。

例程 5-2 USAN 边缘检测

```python
import cv2
import numpy as np
def img_extraction(image):
    """ img_extraction 函数利用 USAN 角点检测算法,对图像进行处理"""
    print("最小灰度值, %d" % image.min())
    print("最大灰度值, %d" % image.max())
    threshold_value = (int(image.max()) - int(image.min()))/10
    print("初始阈值为: %d" % threshold_value)
    offsetX = [
                    -1, 0, 1,
                -2, -1, 0, 1, 2,
            -3, -2, -1, 0, 1, 2, 3,
            -3, -2, -1, 0, 1, 2, 3,
            -3, -2, -1, 0, 1, 2, 3,
                -2, -1, 0, 1, 2,
                    -1, 0, 1
             ]
    offsetY = [
                    -3, -3, -3,
                -2, -2, -2, -2, -2,
            -1, -1, -1, -1, -1, -1, -1,
                0, 0, 0, 0, 0, 0, 0,
                1, 1, 1, 1, 1, 1, 1,
                 2, 2, 2, 2, 2,
                    3, 3, 3
             ]
    for i in range(3, image.shape[0] - 3):     # 利用圆形模板遍历图像,计算每点处的 USAN 值
        for j in range(3, image.shape[1] - 3):
            same = 0
            for k in range(0, 37):
                if abs(int(image[i + int(offsetY[k]), j + int(offsetX[k]), 0]) - int
(image[i, j, 0])) < threshold_value:          # 计算相似度
                    same += 1
                    # print()
            if same < 18:
```

```
                        image[i, j, 0] = 18 - same
                        image[i, j, 1] = 18 - same
                        image[i, j, 2] = 18 - same
                    else:
                        image[i, j, 0] = 0
                        image[i, j, 1] = 0
                        image[i, j, 2] = 0
    def img_revise(image):
        """img_revise 函数用于对角点处理后的图像,进行非极大值抑制修正"""
        X = [-1, -1, -1, 0, 0, 1, 1, 1]          # X轴偏移
        Y = [-1, 0, 1, -1, 1, -1, 0, 1]          # Y轴偏移
        for i in range(4, image.shape[0] - 4):
            for j in range(4, image.shape[1] - 4):
                flag = 0
                for k in range(0, 8):
                    # print(i)
                    if image[i, j, 0] <= image[int(i + X[k]), int(j + Y[k]), 0]:
                        flag += 1
                        break
                if flag == 0:                    # 判断是否为周围 8 个点中最大的值,若是则保留
                    image[i, j, 0] = 255
                    image[i, j, 1] = 255
                    image[i, j, 2] = 255
                else:
                    image[i, j, 0] = 0
                    image[i, j, 1] = 0
                    image[i, j, 2] = 0
    def put(path):
        im = cv2.imread(path, cv2.IMREAD_COLOR)
        im = cv2.resize(im, None, fx = 0.5, fy = 1)
        im = cv2.medianBlur(im, ksize = 5)  # 中值滤波
        # img = cv2.imread(os.path.join(base, path), 0)
        # L 为灰度 为 RGB 分量
        kernel = np.ones((5, 5), np.uint8)       # 这里的(5,5)表示膨胀核的大小
        # 对图像进行膨胀
        img_extraction(im)                        # USAN 角点检测算法
        img_revise(im)                            # 非极大值抑制修正
        dilated_image = cv2.dilate(im, kernel, iterations = 3)   # itera
        cv2.imshow('img', im)
        cv2.imshow("dilated_image", dilated_image)
        cv2.waitKey(0)
        cv2.destroyAllWindows()
    # 图像处理函数,要传入路径
    put('img.jpg')
```

图 5-6 展示了对米粒进行边缘检测、找出轮廓并做形态学处理的效果,为分割出米粒做准备。

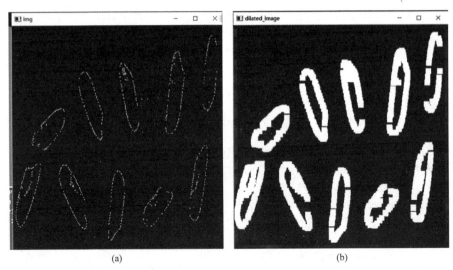

图 5-6 USAN 边缘检测与形态学

(a) 原始图像；(b) 处理后的图像

5.3.4 实验 3：阈值分割

1. 计算米粒图像的灰度直方图

构造创建直方图的函数 MatND。CreateHist(const Mat &image) 函数体中调用 OpenCV 封装好的关于直方图计算的函数 calcHist，结果返回存放直方图信息的一维数组。

2. 画出米粒图像的灰度直方图

定义函数 getHistogramImage，利用上一步得到的直方图信息，画出该图像的直方图像。函数体内具体实现步骤如下。

(1) 进行坐标比例的缩放。最大峰值(MaxValue)坐标高度对应图像高度(histSize)的 90%，假设 y 表示点 binValue 在图像上的 y 坐标值，对应关系为

$$y = \text{binValue/MaxValue} * (\text{histSize} * 0.9) \tag{5-2}$$

坐标和灰度计数值的映射比率为 histSize * 0.9/maxValue，这样便可计算得到每个灰度计数值对应的坐标值。

(2) 对灰度直方图数组中的每个条目绘制一条垂线，调用 OpenCV 中的画线函数 line，便可得到整个图像的灰度直方图。

例程 5-3 绘制灰度直方图

```
import cv2
import matplotlib.pyplot as plt
# 读取图像
image = cv2.imread('img.jpg',cv2.IMREAD_COLOR)
# 将图像转换为灰度图
gray_image = cv2.cvtColor(image, cv2.COLOR_BGR2GRAY)
# 计算灰度直方图
histogram = cv2.calcHist([gray_image], [0], None, [256], [0, 256])
# 可视化灰度直方图
plt.figure()
```

```
plt.title('Grayscale Histogram')
plt.xlabel('Pixel Intensity')
plt.ylabel('Number of Pixels')
plt.plot(histogram, color = 'black')
plt.xlim([0, 256])
plt.show()
```

图 5-7 展示了示例程序绘制的米粒灰度直方图,可以看出像素分布黑白分明,中间灰度值像素很少。

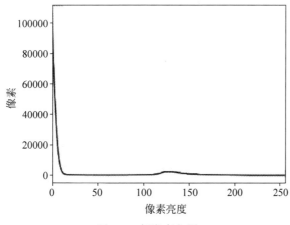

图 5-7　灰度直方图

3. 迭代法分割图像

进一步用全局迭代阈值(也叫自动阈值)分割法,分割出米粒图像。取得阈值后利用 OpenCV 中封装的 threshold 函数对图像进行分割,其中第三个参数应设为 CV_THRESH_BINARY,这样就可得到分割后的二值图像。

例程 5-4　迭代法分割图像

```
import cv2
import numpy as np
# 读取图像
image = cv2.imread('img.jpg',cv2.IMREAD_COLOR)
image = cv2.resize(image,None,fx = 0.5,fy = 1)
# 将图像转换为灰度图
gray_image = cv2.cvtColor(image, cv2.COLOR_BGR2GRAY)
# 定义初始阈值
threshold = 128
# 定义迭代次数上限
max_iterations = 100
# 定义停止条件
epsilon = 1.0
# 迭代法选择阈值
for i in range(max_iterations):
    # 根据当前阈值对图像进行二值化
    _, binary_image = cv2.threshold(gray_image, threshold, 255, cv2.THRESH_BINARY)
    # 计算两个类别的像素平均灰度值
```

```
foreground_mean = np.mean(gray_image[binary_image == 255])
background_mean = np.mean(gray_image[binary_image == 0])
# 更新阈值
new_threshold = (foreground_mean + background_mean) / 2
# 判断是否满足停止条件
if abs(new_threshold - threshold) < epsilon:
    break
# 更新阈值
threshold = new_threshold
# 对图像进行最终二值化
_, segmented_image = cv2.threshold(gray_image, int(threshold), 255, cv2.THRESH_BINARY)
# 显示原始图像和分割后的图像
cv2.imshow('Original Image', image)
cv2.imshow('Segmented Image', segmented_image)
cv2.waitKey(0)
cv2.destroyAllWindows()
```

图 5-8 展示了迭代阈值分割后的效果,可以看出米粒被清晰分割了出来。

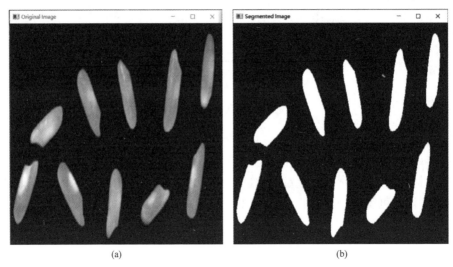

(a)　　　　　　　　　　　　　　　(b)

图 5-8　迭代阈值分割后的效果

(a) 原始图像;(b) 分割后的图像

5.3.5　实验 4:米粒计数

米粒被清晰分割出来后,开始统计米粒数量,步骤如下。

1. 查找米粒轮廓

查找米粒轮廓使用 OpenCV 中封装的找物体轮廓函数 findContours 实现,找到每一米粒的轮廓,用轮廓的数量近似代替米粒的数量,从而实现米粒计数的功能。

2. 查找米粒位置

用 moments()计算每个轮廓区域的中心距,求出轮廓区域的质心坐标,假定每个米粒质地均匀,那么就可以用轮廓的质心近似替代。输出每个米粒的重心坐标,并在图中标出重心。

3. 统计米粒最大面积

利用函数 contourArea 得到每个轮廓的面积,近似代替每个米粒的面积,并可以求出最

大面积的米粒。

4. 统计米粒最大周长

利用函数 arcLength 求得每个轮廓的周长,近似代替每个米粒的周长。求米粒长度时,根据米粒本身的形状特点,采用椭圆拟合 fitEllipse 方法,也就是用椭圆逐渐逼近米粒的外部轮廓,得到最佳拟合椭圆的长轴,近似代替米粒的长度,得到最大长度后输出。

5. 米粒形态学操作

为解决米粒粘连现象,使用形态学操作,先对原图像进行处理,再进行阈值分割。为保持图像信息的准确性,用形态学的开操作,即先膨胀后腐蚀。

例程 5-5 米粒计数

```python
import cv2
import numpy as np
import random
def CountRice(image):
    # 将图像转换为灰度图
    gray_image = cv2.cvtColor(image, cv2.COLOR_BGR2GRAY)
    # 定义初始阈值
    threshold = 128
    # 定义迭代次数上限
    max_iterations = 100
    # 定义停止条件
    epsilon = 1.0
    # 迭代法选择阈值
    for i in range(max_iterations):
        # 根据当前阈值对图像进行二值化
        _, binary_image = cv2.threshold(gray_image, threshold, 255, cv2.THRESH_BINARY)
        # 计算两个类别的像素平均灰度值
        foreground_mean = np.mean(gray_image[binary_image == 255])
        background_mean = np.mean(gray_image[binary_image == 0])
        # 更新阈值
        new_threshold = (foreground_mean + background_mean) / 2
        # 判断是否满足停止条件
        if abs(new_threshold - threshold) < epsilon:
            break
        # 更新阈值
        threshold = new_threshold
    # 对图像进行最终二值化
    _, segmented_image = cv2.threshold(gray_image, int(threshold), 255, cv2.THRESH_BINARY)
    # 连通组件分析获取米粒区域
    num_labels, labels, stats, centroids = cv2.connectedComponentsWithStats(segmented_image, connectivity=8)
    return num_labels,labels,stats,centroids
if __name__ == "__main__":
    # 读取图像
    image = cv2.imread('img.jpg',cv2.IMREAD_COLOR)
    image = cv2.resize(image,None,fx=0.5,fy=1)
    show_max_min = True
    num_labels, labels, stats, centroids = CountRice(image)
```

```python
# 初始化米粒个数和最大、最小米粒的相关信息
num_grains = num_labels - 1              # 减去背景标签
max_area = 0
min_area = float('inf')
max_grain = None
min_grain = None
area_list = []
perimeter_list = []
centroid_xy_list = []
# 遍历每个米粒区域
for label in range(1, num_labels):
    area = stats[label, cv2.CC_STAT_AREA]    # 区域面积
    area_list.append(area)
    perimeter = cv2.arcLength(np.argwhere(labels == label).astype(np.float32), closed=
True)                                        # 区域周长
    perimeter_list.append(perimeter)
    # 计算重心坐标
    centroid_x = int(centroids[label, 0])
    centroid_y = int(centroids[label, 1])
    centroid_xy_list.append((centroid_x, centroid_y))
    # 更新最大和最小米粒的信息
    if area > max_area:
        max_area = area
        max_grain = label
    if area < min_area:
        min_area = area
        min_grain = label
color_common = (0, 100, 0)
# 遍历每个米粒区域
for label in range(1, num_labels):
    color = color_common
    area = area_list[label - 1]
    perimeter = perimeter_list[label - 1]
    centroid_x, centroid_y = centroid_xy_list[label - 1]
    if show_max_min:
        if area == max_area:
            color = (0, 0, 100)
        elif area == min(area_list):
            color = (100, 0, 100)
    # 绘制米粒区域轮廓,并使用不同颜色
    contour = np.argwhere(labels == label)
    image[contour[:, 0], contour[:, 1]] = color
    # 在图像上绘制重心和面积
    cv2.circle(image, (int(centroid_x), int(centroid_y)), 3, (255, 0, 0), -1)
    cv2.putText(image, f"Area: ", (int(centroid_x), int(centroid_y)), 2, 0.4, (255, 255,
255), 1)
    cv2.putText(image, f"{area}", (int(centroid_x), int(centroid_y + 20)), 2, 0.4, (255,
255, 255), 1)
    cv2.putText(image, f"perimeter: ", (int(centroid_x), int(centroid_y) + 40), 2, 0.4,
(255, 255, 255), 1)
    cv2.putText(image, f"{int(perimeter)}", (int(centroid_x), int(centroid_y + 60)), 2,
```

```
0.4, (255, 255, 255), 1)
        if show_max_min:
            if area == max_area:
                cv2.putText(image, f"MAX", (int(centroid_x), int(centroid_y - 20)), 2, 0.8,
(0, 255, 255), 1)
            elif area == min_area:
                cv2.putText(image, f"MIN", (int(centroid_x), int(centroid_y - 20)), 2, 0.8,
(0, 255, 255), 1)
    cv2.putText(image, f"number: {num_grains}", (10,30), 2, 1, (0, 0, 255), 1)
    # 输出米粒个数和最大、最小米粒的面积信息
    print(f"Total grains: {num_grains}")
    print(f"Largest grain area: {max_area}")
    print(f"Smallest grain area: {min_area}")
    # 显示图像并等待关闭窗口
    cv2.imshow('Grains Analysis', image)
    cv2.waitKey(0)
    cv2.destroyAllWindows()
```

如图 5-9 所示,经过查找轮廓、统计面积等操作,最终统计出米粒数量并找出了面积最大、最小的米粒。

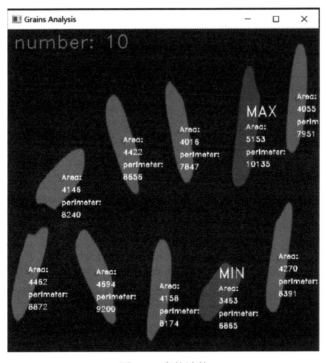

彩图 5-9

图 5-9 米粒计数

5.4 小结

通过第 2~4 章的学习,掌握了图像滤波、各种几何变换、特征检测等图像处理方法,进一步使用基于边缘或者阈值的分割方法,能将感兴趣区域从背景中分割出来。

习题

5.1　常用的边缘检测算子有哪些?

5.2　写出自动获取阈值的步骤。

5.3　全局阈值选取方法有哪些?

第6章 目标识别与跟踪

目标识别与跟踪是计算机视觉领域的一个重要研究方向,它涉及从视频序列中检测出特定的目标,并在连续帧中跟踪这些目标的运动。这种技术在多个领域都有应用,比如视频监控、自动驾驶汽车、机器人导航等。

目标识别通常包括以下四个步骤。

(1)图像预处理:包括图像的去噪、滤波、均衡化等操作。

(2)特征提取:从图像中提取有助于识别目标的特征,如边缘、角点、圆形等。

(3)目标识别:使用分类器(如神经网络等)识别图像中的目标。

(4)目标跟踪:一旦目标被检测到,跟踪算法会尝试在序列的后续帧中保持对目标的跟踪。

前面两个步骤已经在前文介绍过,本章介绍后面两个步骤,如图6-1所示。

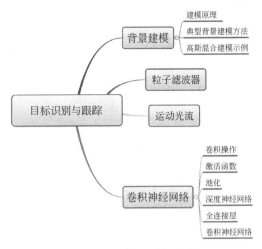

图 6-1　目标识别与跟踪

6.1 背景建模

6.1.1 建模原理

前景运动是指目标在场景中的自身运动,属局部运动。

背景运动,通常指的是在图像序列中,背景元素相对于前景物体或摄像机的运动。这种运动可以由多种因素引起,如摄像机移动、背景中物体的移动、光照变化等。

并不是将背景看作完全不变的,而是计算并保持一个动态(满足某种模型)的背景帧,在每次检测时都与此时的动态背景帧进行比较。

背景建模是一个训练-测试的过程。先利用序列中开始的一些帧图像训练出一个背景模型,然后将这个模型用于其后帧的测试,根据当前帧图像与背景模型的差异检测运动。

6.1.2 典型背景建模方法

1. 帧间差法

由于场景中的目标在运动,在图像中的位置会发生变化。该算法通过对时间上连续的两帧图像进行像素差分算法,不同帧对应的像素点相减,判断灰度差异绝对值的变化情况,当绝对值超过一定的阈值 T 时,即可判断为运动目标,从而实现目标检测功能。

设在时刻 t_i 和 t_j 采集到两幅图像 $f(x,y,t_i)$ 和 $f(x,y,t_j)$,据此可得到差图像:

$$d_{ij}(x,y)=\begin{cases}255, & |f(x,y,t_i)-f(x,y,t_j)|>T_g \\ 0, & 其他\end{cases} \quad (6\text{-}1)$$

其中,T_g 为灰度阈值。差异部分被赋值为白色,其他为黑色,显示出目标轮廓。

2. 基于高斯混合模型的方法

高斯混合模型(Gaussian mixture model,GMM)假设一个区域的像素的灰度值是由多个高斯分布混合而成的,这些高斯分布代表不同的场景。

例如,在人员运动视频中,人员服从某种高斯分布(运动),背景服从另一种高斯分布(静止)。判断视频中的像素点区块符合哪种分布,符合运动的判断为人,符合静止的则判断为背景。

在进行前景检测前,先对背景进行训练,对图像中的每个背景采用一个高斯混合模型进行模拟,每个背景高斯混合模型的个数可以自适应。在测试阶段,对新来的像素进行 GMM 匹配,如果该像素值能够匹配其中一个高斯模型,则认为是背景。由于整个过程 GMM 模型在不断更新学习中,所以对动态背景有一定的鲁棒性。

OpenCV 中的背景建模函数为 cv2. createBackgroundSubtractorMOG()。

6.1.3 高斯混合建模示例

以下例程演示用高斯混合模型从视频中分割出目标和背景。

例程 6-1 高斯混合模型

```
import numpy as np
import cv2
# 获取文件夹中某个视频
```

```
video = cv2.VideoCapture('2.avi')
# 为形态学处理构造核模板
kernel = cv2.getStructuringElement(cv2.MORPH_ELLIPSE, (3, 3))
# 创建高斯混合模型用于背景建模
back = cv2.createBackgroundSubtractorMOG2()
# 读取每一帧并处理
while True:
    ret, frame = video.read()      # 每次读取一帧,返回是否打开及打开的每帧图像
    img = back.apply(frame)        # 背景建模
    # 开运算(先腐蚀后膨胀),去除噪声
    img_close = cv2.morphologyEx(img, cv2.MORPH_OPEN, kernel)
    # 轮廓检测,获取最外层轮廓,只保留终点坐标
    contours, hierarchy = cv2.findContours(img_close, cv2.RETR_EXTERNAL, cv2.CHAIN_APPROX_SIMPLE)
    # 计算轮廓外接矩形
    for cnt in contours:
        # 计算轮廓周长
        length = cv2.arcLength(cnt, True)
        if length > 188:
            # 得到外接矩形的要素
            x, y, w, h = cv2.boundingRect(cnt)
            # 画出这个矩形,在原视频帧图像上画,左上角坐标为(x,y),右下角坐标为(x+w,y+h)
            cv2.rectangle(frame, (x, y), (x + w, y + h), (0, 0, 255), 2)
    # 图像展示
    cv2.imshow('frame', frame)     # 原图
    cv2.imshow('img', img)         # 高斯模型图
    # 设置关闭条件
    k = cv2.waitKey(100) & 0xff
    if k == 27:                    # 27 代表退出键 ESC
        break
# 释放资源
video.release()
cv2.destroyAllWindows()
```

图 6-2(a)是原始视频被捕捉到的画面,图 6-2(b)是背景分割后的视频画面。

(a)

(b)

彩图 6-2

图 6-2　背景分割效果

6.2 粒子滤波器

卡尔曼滤波(Kalman filter)：卡尔曼滤波利用目标的动态信息，设法消除噪声的影响，得到一个关于目标位置的好的估计。Kalman 滤波只能处理高斯分布的概率问题，不能处理物体的相似性问题。

粒子滤波器(particle filter)：一种使用蒙特卡罗方法(Monte Carlo method)的递归滤波器，即以某事件出现的频率指代该事件的概率。在滤波过程中粒子滤波可以处理任意形式的概率。

粒子滤波器的目标跟踪原理如下。

1. 初始化阶段：提取跟踪目标特征

人工指定跟踪目标，软件计算跟踪目标的特征，常采用目标的颜色特征。人工用鼠标拖动出一个目标跟踪区域，然后软件自动计算该区域 HSV 空间的直方图(色调直方图，向量 V)，即为目标的特征。

2. 搜索阶段：放粒子

掌握了目标的特征，下面释放出很多粒子，以搜索目标对象。

初始粒子有以下两种撒布方式。

(1) 均匀地放：在整个图像平面均匀地撒粒子。

(2) 在上一帧得到的目标附近按照高斯分布来放，可以理解为，靠近目标的地方多放，远离目标的地方少放。

计算每个粒子位置处图像的颜色特征，得到一个色调直方图，向量 V_i，计算该直方图与目标直方图的相似性。最简单的是计算 $\mathrm{sum}(\mathrm{abs}(V_i - V))$，算出每个粒子的相似度后再做一次归一化，使所有粒子得到的相似度加起来等于 1。

3. 决策阶段

将每个粒子的坐标与相似度相乘，然后求平均，得到离目标近的坐标。

设 n 号粒子的图像像素坐标是 (X_n, Y_n)，它报告的相似度是 W_n，目标最可能的像素坐标为

$$X = \mathrm{sum}(X_n W_n), \quad Y = \mathrm{sum}(Y_n W_n) \tag{6-2}$$

4. 重采样阶段

重要性重采样(sampling importance resampling)，更具重要性的粒子附近重新投放更多粒子。

5. 循环

2→3→4→2 如此反复循环，即完成目标的动态跟踪。

6.3 运动光流

当人的眼睛观察运动物体时，物体的景象会在人眼的视网膜上形成一系列连续变化的图像，这一系列连续变化的图像不断"流过"视网膜(图像平面)，好像一种光的"流"，故称之为光流(optical flow)。

光流是基于以下假设的。

(1) 相邻帧之间的亮度恒定。

(2) 相邻视频帧的取帧时间连续,或者相邻帧之间物体的运动比较"微小"。

(3) 保持空间一致性,即同一子图像的像素点具有相同的运动。

光流具有三个要素。

(1) 运动(速度场),这是光流形成的必要条件。

(2) 带光学特性的部位(例如有灰度的像素点),它能携带信息。

(3) 成像投影(从场景到图像平面),因而能被观察到。

如图 6-3 所示,时间 t 时的像素属性(其 RGB 值)与时间 $t+\Delta t$ 时不同像素的属性相同,但位置不同$(x+\Delta x, y+\Delta y)$,这是光流的基本假设。

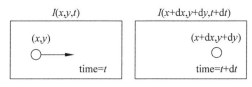

图 6-3　光流

使用泰勒展开式:

$$I(x_2, y_2, t_2) = I(x_1 + \Delta x, y_1 + \Delta y, t_1 + \Delta t) \tag{6-3}$$

$$I(x + \Delta x, y + \Delta y, t + \Delta t) = I(x, y, t) + \frac{\partial I}{\partial x}\Delta x + \frac{\partial I}{\partial y}\Delta y + \frac{\partial I}{\partial t}\Delta t + \cdots \tag{6-4}$$

$$I(x + \Delta x, y + \Delta y, t + \Delta t) - I(x, y, t) = \frac{\partial I}{\partial x}\Delta x + \frac{\partial I}{\partial y}\Delta y + \frac{\partial I}{\partial t}\Delta t \tag{6-5}$$

$$0 = \frac{\partial I}{\partial x}\Delta x + \frac{\partial I}{\partial y}\Delta y + \frac{\partial I}{\partial t}\Delta t \tag{6-6}$$

$$I_x V_x + I_y V_y = -I_t \tag{6-7}$$

最终推导出光流方程。

Lucas-Kanade(LK)光流法于 1981 年提出,最初用于求稠密光流,由于算法易用于输入图像的一组点上,而成为求稀疏光流的一种重要方法。LK 光流法在原光流法两个基本假设的基础上,增加了一个"空间一致"的假设,即所有的相邻像素有相似的运动。即在目标像素周围 $m \times m$ 的区域内,每个像素均有相同的光流矢量,以此假设解决光流方程无法求解的问题。

6.4　卷积神经网络

人工神经网络(artificial neural network,ANN),是一种模仿生物神经网络行为特征的算法数学模型,由神经元、节点与节点之间的连接(突触)构成。

每个神经网络单元抽象出的数学模型:它接收多个输入$(x_1, x_2, x_3 \cdots)$,产生一个输出,就好比神经末梢感受各种外部环境的变化(外部刺激),然后产生电信号,以便传导至神经细胞(神经元)。

由多个神经网络单元组成的多层网络如图 6-4 所示,这也是经典的神经网络模型,由输入层、隐含层、输出层构成。

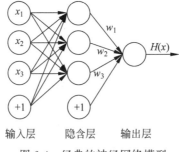

图 6-4 经典的神经网络模型

当输入一幅新图像时,神经网络并不能准确地知道这些特征到底要匹配原图的哪些部分,所以它会在原图中对每个可能的位置进行尝试,相当于把这个特征变成一个过滤器。这个匹配的过程就称为卷积操作,也是卷积神经网络名字的由来。

6.4.1 卷积操作

参考第 2 章卷积的介绍,根据卷积的计算方式,第一块特征匹配后的卷积计算如下,结果为 0.3(1/3 的四舍五入),如图 6-5 所示。特征模板不断地移动中心锚点,遍历整幅待检测图像,重复上述过程,通过每个特征的卷积操作,得到一个新的图(二维数组),称之为特征图。

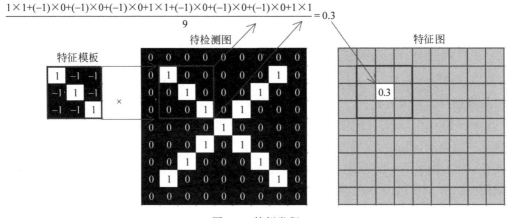

图 6-5 特征卷积

6.4.2 激活函数

在卷积神经网络中,激活函数一般使用修正线性单元(rectified linear unit,ReLU),它的特点是收敛快、求梯度简单。计算公式也很简单,$\max(0, T)$,即对于输入的负值,输出全为 0;对于正值,则原样输出,如图 6-6 所示。对所有的特征图执行 ReLU 激活函数操作。

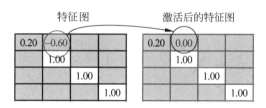

图 6-6　激活函数操作

6.4.3　池化

即池化区域内的最大值(max-pooling)。遍历图像,将每 4 个相邻元素作为一个区域,取区域内的最大值作为池化后的结果,如图 6-7 所示。对所有的特征图执行同样的操作。

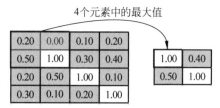

图 6-7　池化

彩图 6-7

6.4.4　深度神经网络

通过加大网络的深度,增加更多的层,得到深度神经网络,如图 6-8 所示。

图 6-8　深度神经网络

6.4.5　全连接层

全连接层(fully connected layer)在整个卷积神经网络中起到“分类器”的作用,即经过卷积、激活函数处理、池化等深度网络后,再经过全连接层对结果进行识别分类。

首先将经过卷积、激活函数、池化等深度网络后的结果串起来,也叫扁平化,如图 6-9 所示。

由于神经网络属于监督学习,在训练模型时,根据训练样本对模型进行训练,从而得到全连接层的权重(预测字母 X 所有连接的权重,如图 6-10 所示)。

在利用该模型进行结果识别时,根据刚才提到的模型训练得出的权重,以及经过前面的卷积、激活函数、池化等深度网络计算出的结果,进行加权求和,得到各结果的预测值,然后取值最大的作为识别结果(如图 6-11 所示,最后计算出字母 X 的识别值为 0.9,字母 O 的识别值为 0.4,则结果判定为 X)。

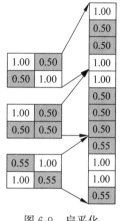

图 6-9　扁平化

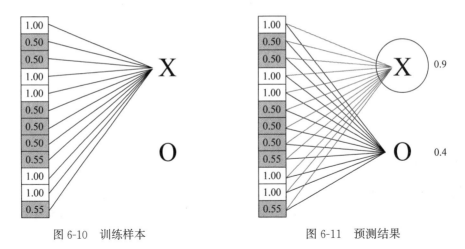

图 6-10 训练样本　　　　　　　　　　图 6-11 预测结果

上述这个过程定义的操作为全连接层,全连接层也可以有多个。

6.4.6 卷积神经网络

将以上所有结果串起来,就形成了一个卷积神经网络结构。**卷积神经网络主要由两部分组成**:一部分是特征提取(卷积、激活函数、池化),另一部分是分类识别(全连接层),图 6-12 所示。

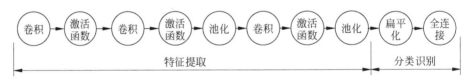

图 6-12 卷积神经网络

6.5 小结

本章从较早的背景建模、粒子滤波、运动光流等跟踪方法,介绍到时新的卷积神经网络深度学习方法。学完本章,读者能基本掌握常见的目标识别与跟踪方法。

习题

6.1 典型的背景建模方法有哪些?

6.2 写出粒子滤波器的实现过程。

6.3 写出光流假设及其三个要素。

6.4 写出卷积神经网络的典型构成。

第7章 综合实践案例

7.1 检测盒结果自动读取

7.1.1 研究背景

抗原快速检测因其检测速度快、操作简便、结果准确率较高等特点,成为世界范围内新型冠状病毒检测的主要手段。现在的测试盒一般是一条 T 线(检测线)和一条 C 线(质控线),两条线同时显示颜色(红色或深色)代表阳性,如图 7-1 所示。

但是由于种种原因,有人会瞒报检测结果。

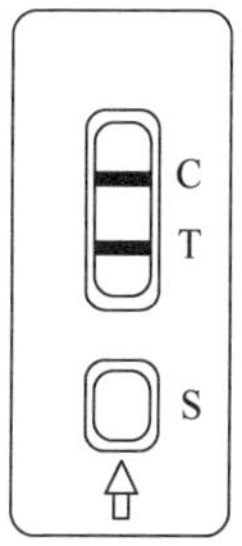

图 7-1 现有检测显示布局示意图

7.1.2 软件编写

安装第三方库:图像处理库 opencv-python 4.6,一维、二维码识别库 pyzbar 0.1.9。用红笔涂画现有的检测盒试纸条,模拟 3 条质控线和检测线显色结果,如图 7-2(a)所示。

在 PyCharm 中编写图像识别程序,通过 opencv 将图像中的二维码边界定位出来,再通过 pyzbar 识别二维码的信息。由于质控线和检测线显色位置 1~3 与二维码物理位置相对固定,找到二维码边界即可找到显色位置 1~3 在图像中的位置。

如图 7-2(b)所示,用游标卡尺量得实物二维码长、宽都为 7.5mm 左右。二维码底部与显色位置 1 顶部距离为 16.9mm 左右。显色线长、宽分别为 2.9mm、0.8mm。二维码与显色线中心横坐标相同。

用二维码像素长度除以物理长度,即可得到系数(变量系数),进而通过二维码坐标及其物理距离,求得显色位置 1 外框的左上角坐标(bx_1, by_1)及左下角坐标(bx_2, by_2)。检测显色位置 1 外框内区域颜色,即可判断是阳性(T+)还是阴性(T−),如图 7-3 所示。

(a)   (b)

图 7-2　检测盒示例样品

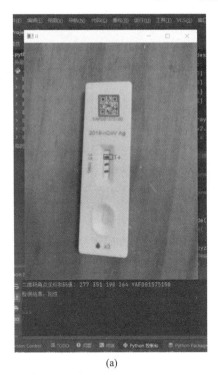
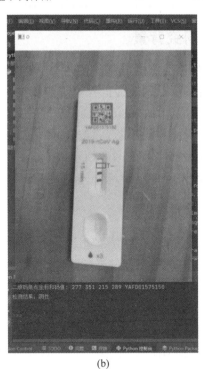

(a)   (b)

图 7-3　识别结果

（a）阳性；（b）阴性

例程 7-1　智能读取检测盒结果

```python
import cv2
import numpy as np
import pyzbar.pyzbar as pyzbar
import string
def prethreatment(img):
```

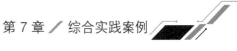

```python
    # make img into gray
    gray = cv2.cvtColor(img, cv2.COLOR_BGR2GRAY)              # 彩色图变为灰度图
    # cv2.imshow('gray',gray)
    # threshold
    ret, thre = cv2.threshold(gray, 100, 255, cv2.THRESH_BINARY)   # 二值化变为黑白图
    # cv2.imshow('thre',thre)
    # erode 腐蚀,消除杂散点,扩大空洞
    kernel = np.ones((5, 5), np.uint8)
    erosion = cv2.erode(thre, kernel)
    erosion = cv2.erode(erosion, kernel)
    # cv2.imshow('erosion',erosion)
    # findContours 找轮廓,把轮廓存储在 contours 变量中
    contours, hier = cv2.findContours(erosion,
                                      cv2.RETR_LIST,
                                      cv2.CHAIN_APPROX_SIMPLE)
    return contours, gray                                     # 返回轮廓
def pick_rectangels(contours):
    # choosecontours 找近似正方形轮廓
    rec = []
    for c in contours:
        x, y, w, h = cv2.boundingRect(c)                      # 计算出一个矩形边界框
        if (abs(w - h) < 10) & (w > 50):
            rec.append([x, y, w, h])
    # print(rec)
    return rec                                                # 返回近似正方形的坐标、长与宽
def decode_qrcodes(rec, gray):
    for r in rec:
        x1 = r[0]
        x2 = r[0] + r[2]
        y1 = r[1]
        y2 = r[1] + r[3]
        img = gray[y1:y2, x1:x2]
        img = cv2.resize(img, (r[3] * 2, r[2] * 2))
        message = decode_qrcode(img)                          # 调用第三方库解码二维码
        print("二维码角点坐标和码值:", x1, x2, y1, y2, message)
        try:
            return message
        except:
            return -1
def decode_qrcode(image):
    #cv2.imshow('1', image)
    data = ''
    barcodes = pyzbar.decode(image)
    for barcode in barcodes:
        # 条形码数据为字节对象,所以如果想在输出图像上画出来,
        # 就要先将其转换为字符串
        barcodeData = barcode.data.decode("utf-8")
        barcodeType = barcode.type
        # 提取条形码边界框的位置
        # 画出图像中条形码的边界框
        # (x, y, w, h) = barcode.rect
```

87

```
        # cv2.rectangle(image, (x, y), (x + w, y + h), (0, 0, 255), 2)
        data = barcodeData
    try:
        return data
    except:
        return -1
def decode_yang(rec, img0, qrdata):
    red_temp = [0]
    for r in rec:
        x1 = r[0]
        x2 = r[0] + r[2]
        y1 = r[1]
        y2 = r[1] + r[3]
        xishu = (x2 - x1) // 8                          # 像素和实际长度进行对应

        if qrdata.endswith('0') or qrdata.endswith('3') or qrdata.endswith('6'):
            bx1 = int((x1 + x2) // 2 - 3 * xishu // 2) - 2
                                        # 显色条 2.9mm×0.8mm，外框坐标外移调整为 3mm
            by1 = int(y2 + 16 * xishu)              # 显色条左上角 Y 坐标
            bx2 = int(bx1 + 2.8 * xishu)            # 显色条右下角 X 坐标
            by2 = int(by1 + 0.80 * xishu)           # 显色条右下角 Y 坐标
        elif qrdata.endswith('1') or qrdata.endswith('4') or qrdata.endswith('7'):
            bx1 = int((x1 + x2) // 2 - 3 * xishu // 2) - 2
            by1 = int(y2 + 18.5 * xishu)
            bx2 = int(bx1 + 2.8 * xishu)
            by2 = int(by1 + 0.80 * xishu)
        elif qrdata.endswith('2') or qrdata.endswith('5') or qrdata.endswith('8'):
            bx1 = int((x1 + x2) // 2 - 3 * xishu // 2) - 2
            by1 = int(y2 + 22.7 * xishu)
            bx2 = int(bx1 + 2.7 * xishu)
            by2 = int(by1 + 0.80 * xishu)
        else:
            break
        bimg = img0[by1:by2, bx1:bx2]
        cv2.rectangle(img0, (bx1 - 5, by1 - 5), (bx2 + 5, by2 + 5), (0, 0, 255), 2)
                                            # 将检测到的颜色框起来
        # cv2.imshow('2', img0)
        bimg = cv2.resize(bimg, ((by2 - by1) * 2, (bx2 - bx1) * 2))
        img_hsv = cv2.cvtColor(bimg, cv2.COLOR_BGR2HSV)
        # H、S、V 范围一
        lower1 = np.array([0, 43, 46])
        upper1 = np.array([10, 255, 255])
        mask1 = cv2.inRange(img_hsv, lower1, upper1)     # mask1 为二值图像
        # H、S、V 范围二
        lower2 = np.array([156, 43, 46])
        upper2 = np.array([180, 255, 255])
        mask2 = cv2.inRange(img_hsv, lower2, upper2)
        # 将两个二值图像结果相加
        mask3 = mask1 + mask2
        cnts1, hierarchy1 = cv2.findContours(mask3, cv2.RETR_EXTERNAL, cv2.CHAIN_APPROX_
NONE)
                                            # 轮廓检测 # 红色
```

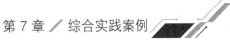

```
        brec = []
        for c in cnts1:
            x, y, w, h = cv2.boundingRect(c)              # 计算出一个简单的边界框
            if (w > 5):
                brec.append([x, y, w, h])
                # print(brec)
        if len(brec):
            print("检测结果: 阳性")
            cv2.putText(img0, "T+", (bx2 + 9, by2 + 5), cv2.FONT_HERSHEY_SIMPLEX,
                        0.7, (0, 0, 255), 1, cv2.LINE_AA)
        else:
            print("检测结果: 阴性")
            cv2.putText(img0, "T-", (bx2 + 9, by2 + 5), cv2.FONT_HERSHEY_SIMPLEX,
                        0.7, (0, 0, 255), 1, cv2.LINE_AA)
if __name__ == '__main__':
    # lower_red = np.array([156, 43, 46])                 # 红色阈值下界
    # higher_red = np.array([180, 255, 255])              # 红色阈值上界
    imgpath = "D:/PyCharm/pythonProject/9.jpg"            # 修改图像名称
    img0 = cv2.imread(imgpath)
    h, w, _ = img0.shape
    img0 = cv2.resize(img0, (w // 2, h // 2))
    contours, gray = prethreatment(img0)                  # 找轮廓并存储起来
    rec = pick_rectangels(contours)                       # 找矩形
    qrdata = decode_qrcodes(rec, gray)                    # 解码
    # cv2.imshow('1', gray)
    for rect in rec:
        cv2.rectangle(img0, (rect[0], rect[1]), (rect[0] + rect[2], rect[1] + rect[3]),
(0, 0, 255), 3)
    decode_yang(rec, img0, qrdata)                        # 判断阳性
    img0 = cv2.resize(img0, (w // 3, h // 3))             # 缩小 1/3,方便显示
    cv2.imshow('0', img0)                                 # 显示检测结果
    cv2.waitKey(0)
    cv2.destroyAllWindows()
```

7.1.3 项目总结

项目先找矩形,运用形态学、轮廓查找算法,用面积筛选出矩形。再转换颜色空间,在 HSV 颜色空间判断显色区域,实现检测结果自动化读取。项目提供的示例代码用像素除以物理距离作系数,估算显色区域位置,但是如果盒子倾斜存在误差,则需要进一步完善。

7.2 陶瓷马桶外观缺陷检测

7.2.1 总体实施方案

使用 1200 万像素工业相机进行高精度图像采集,将马桶放置在电动旋转台上,从多个角度对连体式马桶进行全面的数据采样。通过电动旋转台的精确控制,确保每个角度的图像采集都是一致的,并覆盖马桶的各关键部位,为后续的缺陷检测提供详尽的数据。

在缺陷检测阶段,使用海康威视的工业软件 VisionMaster。这款软件具备强大的图像处理和分析能力,能够对采集的图像进行详细的缺陷检测。VisionMaster 通过先进的算法和丰富的工具集,能够快速、准确地识别出马桶表面的各种缺陷,如裂纹、凹陷、变形等。也可调用传统 OpenCV 库文件,通过 Python 编写缺陷检测程序。

具体流程包括以下步骤。

(1) 图像预处理:对采集的图像进行预处理,如灰度变换、滤波去噪等,以提升图像质量和检测准确性。

(2) 特征提取:使用 VisionMaster 的特征提取工具,提取马桶表面的各种特征信息,如边缘、轮廓和纹理等,为后续的缺陷检测做准备。

(3) 缺陷检测:应用缺陷检测算法,对图像特征进行分析,使用模板匹配等方式,快速定位并标记潜在的缺陷区域。VisionMaster 能够识别不同类型的缺陷,并对其进行分类和评估。

(4) 结果输出:将检测结果进行可视化展示,并生成详细的检测报告,方便用户查看和分析检测结果。通过与其他系统的集成,实现检测结果的自动记录和追溯。

通过以上流程,能够高效地对连体式马桶进行全面的缺陷检测,确保产品的质量和可靠性。

7.2.2 开发环境配置

以毛孔检测为例,结合 VisionMaster 与 C#联合二次开发缺陷检测程序。

第一步,在 VisionMaster 中搭建检测方案流程并保存,以下是毛孔检测流程方案,后续二次开发将基于此方案进行。流程中导入图像后将其转换为灰度图,采用模板匹配方式,在图中快速匹配模块中的相应参数,如图 7-4、图 7-5 所示。

彩图 7-4

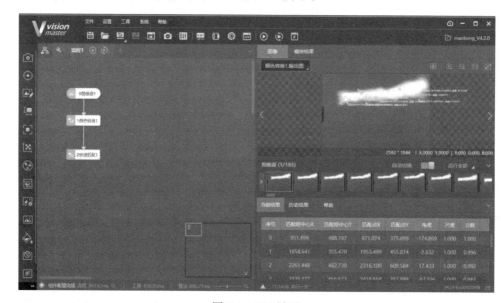

图 7-4　VM 界面

图 7-5　参数设置

第二步,配置相应开发环境,创建工程文件后设置项目属性,本案例使用 Visual Studio 2019 演示,创建一个 Winform 项目后生成一个空白的 Winform 界面,如图 7-6 所示。

图 7-6　Winform 界面

单击项目,选择对应项目属性,如图 7-7 所示。

在"目标框架"中选择.NET Framework 4.6.1,因为 VisionMaster 是基于此框架开发的。选择"生成"页面,取消"首选 32 位"勾选,最后配置输出路径为 VM 安装路径的 Applications 文件夹下,用于绑定 VM 与 VS 项目。

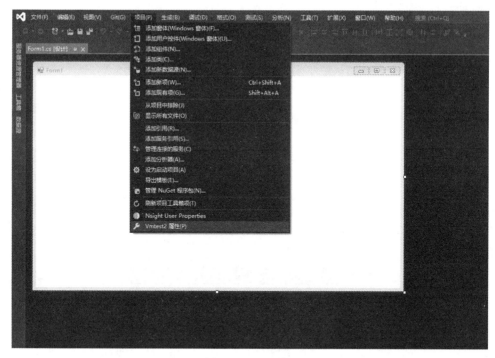

图 7-7 项目属性

在 VM4.2 中模块的各部分界面已经封装为控件,能使用户在二次开发中显示流程界面及参数设置界面。

先打开 VS"工具箱界面",右键单击"所有 Windows 窗体"后单击"选择项"。再单击"浏览",选择 VM 安装路径下 Applications 文件夹中的"myLibs"文件夹,由于开发的是Winform 程序,故选择如图 7-8 所示的"VMControl. Winform. Release. dll"库文件,此时在工具箱中能看到对应的 VM 控件。

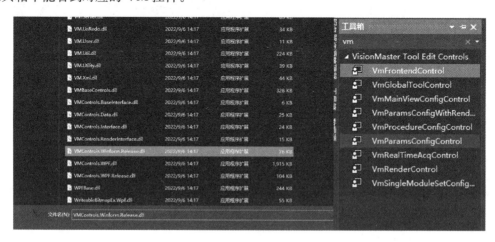

图 7-8 VM 控件

最后一步是添加 VM SDK 的相关动态库文件。

右键单击"引用",单击"添加引用",选择"浏览",在 Application 中的 myLibs 路径下添

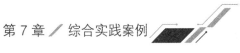

加所需的 7 个库文件:

```
Apps.ColorFun.dll
VM.Core.dll
VM.PlatformSDKCS.dll
VMControls.Interface.dll
VMControls.RenderInterface.dall
VMControls.Winform.Release.dll
WPFBase.dll
```

其中,由于版本问题,"VM. PlatformSDKCS. dll"文件可能位于 Application 中的"module"文件夹中。添加好后单击"确定"。

需要注意的是,前序步骤中配置的程序的输出路径依托于 VM 的安装路径,为防止 VM 安装路径下动态库的混乱,需要将刚刚添加的 7 个库文件的"复制本地"属性设置为 False,如图 7-9 所示。

图 7-9　引用属性配置

7.2.3　VS 中设计执行界面

以毛孔检测为例,最后需要展示图像中检测到的毛孔。在工具箱中,拖入一个"VMRender. control"控件用于显示图像;拖入两个"button"控件用于触发加载和执行方案的动作;拖入一个"ListBox"控件用于显示执行结果的信息。最终如图 7-10 所示,而后进入代码层对控件进行设置。

7.2.4　基于 VM 检测缺陷代码设计

双击"button"控件,添加事件处理代码。

首先引用两个程序集,在程序开头添加:

```
using VM.Core;
using VM.PlatformSDKCS;
```

由于毛孔检测使用了快速匹配模块,需要添加相关动态库文件。

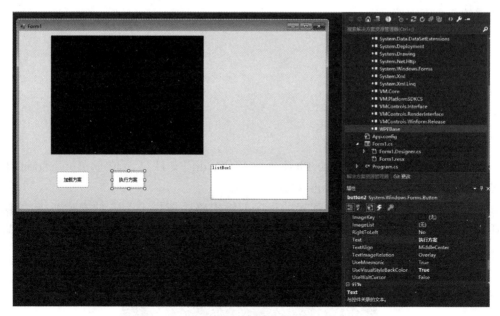

图 7-10 设计执行界面

加载以下代码：

```
using System;
using System.Collections.Generic;
using System.ComponentModel;
using System.Data;
using System.Drawing;
using System.Linq;
using System.Text;
using System.Threading.Tasks;
using System.Windows.Forms;
using VM.Core;
using VM.PlatformSDKCS;
using IMVSFastFeatureMatchModuCs;
namespace Vmtest
{
    public partial class Form1 : Form
    {
        // 构造函数,初始化组件
        public Form1()
        {
            InitializeComponent();
        }
        // button1 的单击事件处理方法
        private void button1_Click(object sender, EventArgs e)
        {
            string message;
            // 加载指定路径的解决方案文件
```

```
VmSolution.Load("C:\\Users\\86178\\Desktop\\temp\\maokong\\HK\\maokong_V4.2.0.sol","");
                // 在 listBox1 中添加消息
                message = "Load Sol Sucess";
                listBox1.Items.Add(message);
                // 确保最新的消息可见
                listBox1.TopIndex = listBox1.Items.Count - 1;
        }
        // button2 的单击事件处理方法
        private void button2_Click(object sender, EventArgs e)
        {
                // 获取名为"流程 1.快速匹配 1"的模块工具
                IMVSFastFeatureMatchModuTool targetfind = (IMVSFastFeatureMatchModuTool)
VmSolution.Instance["流程 1.快速匹配 1"];
                // 获取名为"流程 1"的过程
                VmProcedure process = (VmProcedure)VmSolution.Instance["流程 1"];
                // 设置渲染控件的模块源为 targetfind
                vmRenderControl1.ModuleSource = targetfind;
                // 异步运行过程
                Task.Run(() =>
                {
                    process.Run();
                });
        }
    }
}
```

最后，运行该程序，此时需要将 VM 的相关程序与后台全部关闭，否则会出现运行冲
突。运行结果如图 7-11 所示。

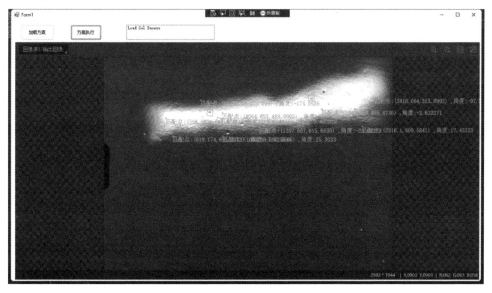

彩图 7-11

图 7-11　毛孔检测效果

上述为使用 VisionMaster 开发检测毛孔缺陷的代码设计流程。

7.2.5　基于 OpenCV 检测代码设计

下面展示使用 Python 调用 OpenCV 库文件进行缺陷检测。

具体流程如下。

（1）输入图像。

（2）图像预处理。

（3）根据灰度进行二值化。

（4）Canny 边缘提取。

（5）根据面积过滤检测结果。

例程 7-2　毛孔检测

```
import cv2
import numpy as np
# 1. 加载图像
image = cv2.imread(r'C:\Users\86178\Desktop\MTG\chuqi\3-4week\image\jupiyou.png')
# 2. 高斯模糊
blurred_image = cv2.GaussianBlur(image, (15, 15), 0)
# 3. 转换为灰度图像
gray_image = cv2.cvtColor(blurred_image, cv2.COLOR_BGR2GRA)
# 4. 二值化
_, binary_image = cv2.threshold(gray_image, 200, 255, cv2.THRESH_BINARY)
# 5. 提取 Canny 边缘
edges = cv2.Canny(binary_image, 50, 150)
# 6. 找到边缘的轮廓及其层次结构
contours, hierarchy = cv2.findContours(edges, cv2.RETR_CCOMP, cv2.CHAIN_APPROX_SIMPLE)
# 7. 遍历每个边缘的轮廓
for i, contour in enumerate(contours):
    # 8. 计算轮廓的面积
    area = cv2.contourArea(contour)
    # 9. 获取轮廓的边界框
    x, y, w, h = cv2.boundingRect(contour)
    # 10. 计算黑色像素数量
    black_pixels = area - cv2.countNonZero(binary_image[y:y + h, x:x + w])
    # 11. 计算黑色像素占比
    black_percentage = (black_pixels / area) * 100
    # 12. 保留 60% 以上黑色像素的轮廓
    if black_percentage >= 45:
        cv2.drawContours(image, [contour], -1, (0, 0, 255), 2)
# 13. 显示图像
cv2.imshow('Blurred Image', binary_image)
cv2.imshow('Edges with Black Percentage (60% +)', image)
cv2.waitKey(0)
cv2.destroyAllWindows()
```

运行结果如图 7-12 所示。

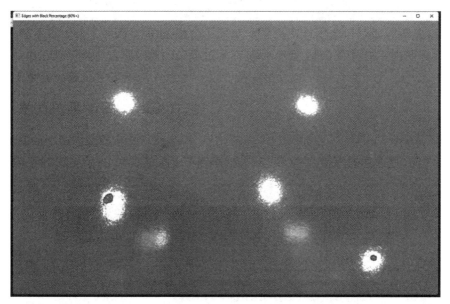

彩图 7-12

图 7-12　毛孔检测效果 2

7.2.6　检测效果

以下是在 VM 中的检测效果。

1. 毛孔检测

采用模板匹配方式检测,绿色框代表检测到的毛孔点,同时列出该点在图像中的位置与模板的相似度,如图 7-13 所示。

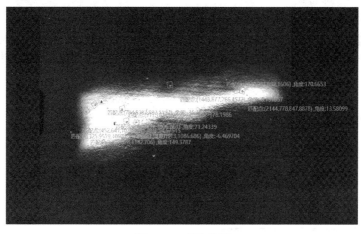

彩图 7-13

图 7-13　毛孔检测

2. 碰伤与针孔检测

采用模板匹配方式检测,绿色框代表检测到的碰伤点,同时列出该点在图像中的位置与模板的相似度,如图 7-14、图 7-15 所示。

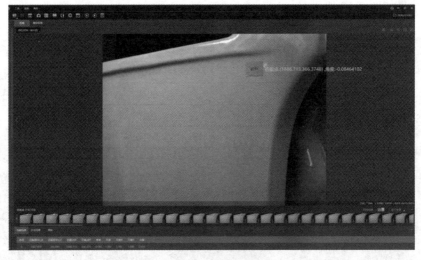

图 7-14　碰伤检测

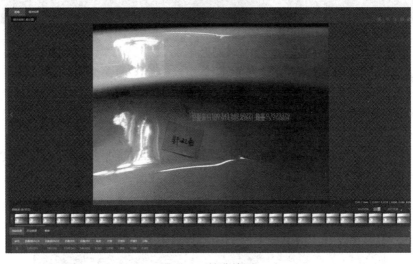

图 7-15　针孔检测

7.2.7　项目总结

项目用到边缘检测、模板匹配、形态学、轮廓查找等算法。

相比 OpenCV 纯代码开发，VM 界面更友好，代码量更少，并能加快项目开发进度。

7.3　药瓶激光雕刻编码识别

7.3.1　项目背景

在玻璃瓶瓶体上用激光雕刻出数字编码，以记录药品的信息，这种方式比传统的贴标签方式更环保、经济。但是需要开发配套高速的读码系统。

7.3.2 图像接入

以海康 Vision Master4.2 开发为例,作业流程如图 7-16 所示。

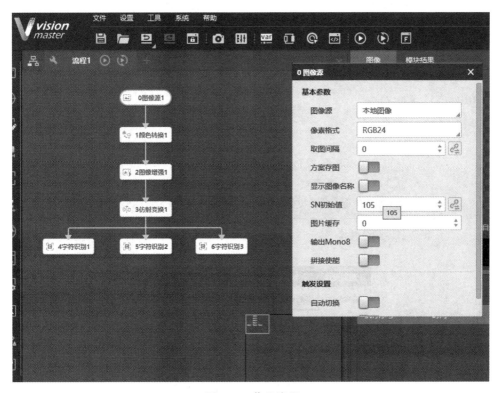

图 7-16 作业流程

通过高分辨率工业相机采集包含瓶体数字的图像。相机需固定安装,以确保每次拍摄的图像一致且清晰。

7.3.3 图像预处理

采集的原始图像可能包含背景噪声或存在对比度不明显的问题,因此需要进行对比度增强处理。具体步骤如下。

(1)灰度变换:如图 7-17 所示,将彩色图像转换为灰度图像,以简化处理步骤。

(2)直方图均衡化:增强图像的整体对比度,使数字部分更加清晰可见。

(3)对比度增强:如图 7-18 所示,提高特征效果。

7.3.4 仿射变换

由于拍摄角度和瓶体表面的弧度,数字在图像中可能出现倾斜或变形。通过仿射变换,可以校正图像中的几何失真,使数字区域变得规则、水平,如图 7-19 所示。这样有助于后续的字符识别过程。

图 7-17　颜色转换

图 7-18　图像增强

图 7-19　仿射变换

7.3.5　字符识别

在图像预处理和校正完成后,进行字符识别是整个流程的核心步骤。使用 OCR 算法对处理后的图像进行分析和识别,提取瓶体上的数字信息。

（1）字符分割：将数字从背景中分离出来,确保每个数字单独识别,如图 7-20 所示。

（2）特征提取：通过 OCR 算法提取字符的形状特征,如图 7-21 所示。

（3）字符匹配：将提取的特征与预定义的字符库进行匹配,识别出具体的数字,如图 7-22 所示。

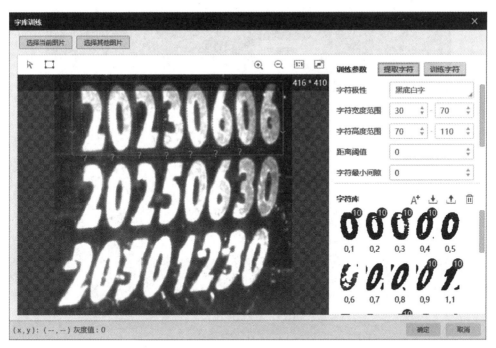

图 7-20 字符分割

图 7-21 特征提取   图 7-22 字符匹配

通过上述步骤,OCR 识别瓶体数字程序能够高效、准确地提取瓶体上的数字信息。整体流程如图 7-23 所示。

该流程也可进行 C♯二次开发,具体流程与上节马桶检测中毛孔检测一致。

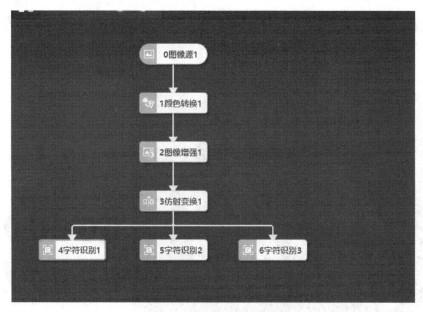

图 7-23　整体流程

7.3.6　项目效果

检测效果如图 7-24、图 7-25 所示，其中图 7-24 左图为原始图，图 7-24 右图准确识别出第一行字符。图 7-25 准确识别出第二、第三行字符。

彩图 7-24

图 7-24　原始图像与识别效果

彩图 7-25

图 7-25　识别效果

102

7.3.7 项目总结

运用前面介绍的灰度变换、直方图均衡化、对比度增强、仿射变换等方法对图像进行预处理,基于 VM 深度学习准确识别瓶身上的数字。

7.4 无人机白激光充电

7.4.1 项目背景

由于无人机具有体积小、隐蔽、重量轻、操作方便等优点,在军事和民用领域得到了广泛应用。从目前无人机的发展现状和用途需求来看,将主要向小型化、高生存率、持续航行、多用途方向发展,满足这些需求,就要找到一种更理想的能源为无人机提供动能。为此,研究者提出了一种远程激光充电的概念,利用可控激光代替太阳光为无人机提供连续飞行动力。一旦完全应用,这一概念可能会在未来彻底改变无人机和其他飞行器的长期飞行,甚至"无限"飞行。

要实现无人机"无限飞行",仍存在无人机续航能力差、普通监控云台延迟较大、视觉目标深度难以获取、光源和太阳能电池光谱匹配效果不佳及充电不稳定等问题。

7.4.2 YOLOv5 网络

YOLO(you only look once)是一种基于深度学习的目标检测算法的名字,它将图像分为网格,用卷积神经网络(CNN)预测每个网格的类概率和边界框,它比"R-CNN"快 1000 倍,比"Fast R-CNN"快 100 倍,配置高的 GPU,图像检测速度可超过 100 帧/s。

本项目使用的摄像头及监控客户端软件符合开放型网络视频接口协议(open network video interface forum,ONVIF),监控客户端软件接收设备端发来的视频流,用于后续的图像预处理。摄像头获取的图像大小为 1280×720,通过程序缩小变为 640×640,便于输入改进后的 YOLOv5 网络中,用于目标识别。

YOLOv5 网络由输入、主干网络、颈部和输出层 4 部分组成,其框图如图 7-26 所示。

YOLOv5 网络的输入图像大小为 640×640,将图像分为 R、G、B 三通道输入网络。采用 Mosaic 数据增强、自适应锚框计算和自适应图片缩放方式对输入图像进行处理。

YOLOv5 网络主干网络层包含焦点层和跨阶段局部网络层(CSP)的 7 个卷积层和空间金字塔池化(SPP)层。焦点层的卷积核大小为 1×1,主要对图像进行切片操作。CSP 结构有 3 倍层叠和 9 倍层叠两种类型,主要是从网络结构设计的角度解决推理中计算量太大的问题。SPP 层大大增加了感受野,分离出上下文的重要特征,但对推理速度几乎没有影响。卷积层的卷积核大小都是 3×3,增加了网络的非线性表达能力。

YOLOv5 网络的颈部采用路径聚合网络结构,由 4 个连接层、4 个卷积层、5 个 CSP 层并经过两次上采样组成。其中连接层都是全连接,卷积层的卷积核大小有 1×1 和 3×3 两种,CSP 层为 3 倍层叠,上采样均采用 2 倍上采样。颈部是路径聚合网络层(FPN)结构的改进,能加快网络中推理信息的传输并加强网络的特征融合。

泛化交并比(generalized intersection over union,GIOU)考虑了两个矩形最小闭包的大小,

输入　640×640图像

焦点层

第1层

主干网络

……

第7层

SPP层

颈部　路径聚合网络层

输出层　卷积层　卷积层　卷积层

输出　输出　输出
(19×19×255) (38×38×255) (76×76×255)

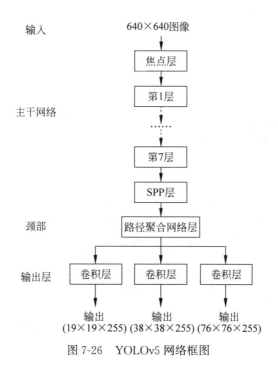

图 7-26　YOLOv5 网络框图

A_C 表示两个矩形的最小外界面积。GIOU Loss 函数用于估算检测目标矩形框的识别损失。

7.4.3　激光充电系统

本项目通过光伏接收装置将地面端的激光发射装置发出的能源转变为电能,进而供给电池或者实现其他形式的供能,从理论上来讲可以对需要补给的装置迅速地充能补给。因此,本项目在视觉云台上部署了激光单头搜索灯,基于光电效应,利用激光单头搜索灯发射的 60W 的白激光,对部署在充电装置上的柔性太阳能薄膜进行供电。

1. 无人机与云台

如图 7-27 所示,云台的输入电压为 220V、50Hz 的交流电,功率为 60W。水平旋转速度大于 30°每秒,垂直旋转速度大于 10°每秒。水平旋转角度为 360°,垂直旋转角度为 ±90°。白激光灯中心亮度达到 600 万坎德拉,出光角度只有 1.8°,保证光束能量集中,又能全面覆盖太阳能电池板。

图 7-27　无人机及云台

2. 柔性太阳能薄膜

本项目使用的柔性太阳能薄膜是三复合层太阳能电池,采用三明治结构设计,分层吸收光谱,可有效吸收更多的光,因此可转换并产出更多电能。本项目将六片柔性太阳能薄膜并联连接,构成太阳能电池圆环,并且在上、下边缘部署 LED 灯带,用于测距算法,均匀间隔缠绕绿色、紫色 LED 灯带,用于 YOLOv5 目标检测,如图 7-28 所示。

彩图 7-28

图 7-28　实际太阳能电池圆环图

7.4.4　软件系统设计

软件系统设计的流程包括:对软件进行需求分析,设计软件的功能和实现算法,软件的总体结构设计和模块设计、编码、测试及编写、提交程序等一系列操作,以满足需求并且解决问题。本项目的总体软件设计流程如图 7-29 所示。

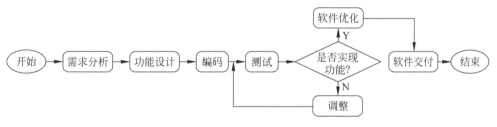

图 7-29　总体软件设计流程

本项目的软件运行流程主要包括以下三个部分:图像采集、目标跟踪及云台控制,如图 7-30 所示。

第一部分是图像采集:通过 ONVIF 协议接口利用视频服务推流获取视频流。首先通过 opencv-python.VideoCapture 重构抓图代码,采用多线程机制解决抓图导致视频播放时卡顿的问题;为精简代码并提高抓图效率,采用 OpenCV 抓图,将一帧图像转换为任意格式的图片,本项目选择"jpeg"和"png"两种图片格式。

抓图分以下两步。

(1) 需要将图像转换为指定的格式。

(2) 图像编码:OpenCV 的编码、存文件和推送流的代码是通用的,这套代码可用于抓图、编码 H.264/265、存文件等。之前的抓图函数固定了 pipe 管道的长度,而 pipe 管道缓存

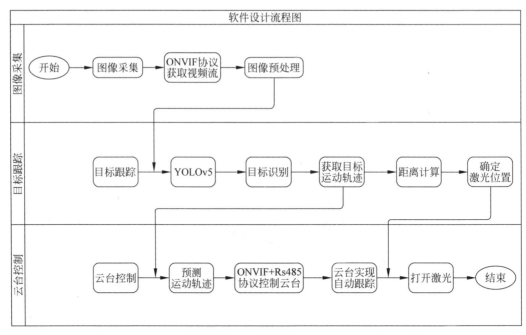

图 7-30　软件运行流程图

区的数据显然会加大延迟带来的影响。所以,需要重新定义缓冲区的大小,从而避免不必要的时间消耗及内存资源浪费。推流后获取的初始视频画面大小为 1280×720,接着对获取视频进行逐帧处理,缩小画面大小为 640×640。

第二部分是目标跟踪:将经过预处理的图像分为 R、G、B 三个通道分别输入 YOLOv5 网络,采用 Mosaic 数据增强、自适应锚框计算和自适应图片缩放方式对输入图像进行处理。YOLOv5 网络主干网络层包括焦点层、跨阶段局部网络(CSP)层和空间金字塔池化(SPP)层。焦点层对图像进行切片操作;CSP 层解决推理中计算量太大的问题;SPP 层分离出上下文的重要特征。颈部的路径聚合网络层(FPN)加快了网络中推理信息的传输并加强网络的特征融合。输出层将 GIOU Loss 作为损失函数,估算检测目标矩形框的识别损失。YOLOv5 网络可实现精准的目标识别并获取充电目标的坐标信息。接下来,获取图像坐标系偏移量与物体姿态的对应关系,以确保激光为充电目标供电。同时,对目标物体过去若干时间点的值进行分析,参考自回归的思想,利用目标物体过去若干时间点的值进行回归预测,仅依赖于历史值,推理延时期间目标物体的运动轨迹,再与真实值进行校对,不断矫正回归参数,以获得更准确的预测值。判断校正后的预测值与上一时刻真实值之间的位置关系,以预测目标未来的运动轨迹,减少延时给跟踪精度带来的影响。

第三部分是云台控制:通过 RS485 通信串口,将控制指令发送到云台,从而控制云台随目标物体的移动,实现自动跟踪的目的。最后打开激光灯,利用白激光为充电目标充电。

7.4.5　软件测试

实验使用 PyTorch 深度学习框架,在 NVIDIA GTX 2080 显卡上完成训练及测试。本项目建立了移动目标识别的专属图像数据集,对 YOLOv5 原始算法和改进的 YOLOv5 算法进行对比试验。数据集包含自行设计的柔性太阳能充电装置图像 7691 幅,图像尺寸为

1280×720,标注的目标数据涵盖篮球场、田径场、研究室内等多场景下无人机搭载充电装置飞行的图像,样本分布图如图 7-31 所示。

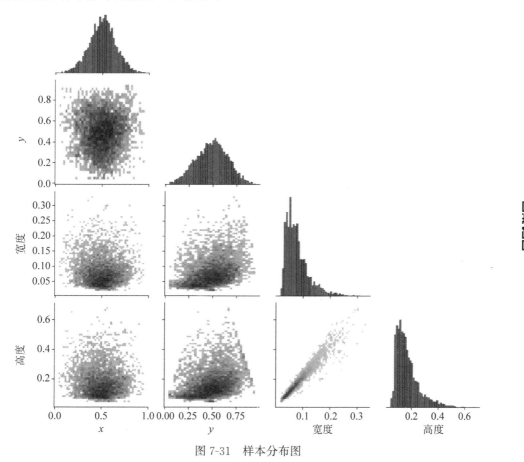

图 7-31 样本分布图

根据 YOLO 系列算法训练集格式要求,将数据集标注格式全部转化为 VOC 格式,并且按照 8∶1∶1 的比例区分训练集、测试集和验证集。训练集是用于训练的样本集合,用于训练网络中的参数;验证集是用于交叉验证模型性能的样本集合,运用不同超参数的改进后 YOLOv5 网络在训练集上分别进行训练,结束后,通过验证集比较判断各模型的性能;测试集用于客观评价训练完成的网络并测试网络性能。

7.4.6　软件测试结果分析

对 YOLOv5 进行训练,初始学习率为 0.001,动量为 0.97,预设衰减系数为 0.0005,训练批次为 2,训练迭代次数为 100,YOLOv5 网络训练过程中准确率、召回率、mAP@0.5 与 mAP@0.5:0.95 变化曲线图如图 7-32 所示,迭代完成后损失值约为 0.0063,mAP@0.5 稳定在 0.9978 左右,由此参数的收敛情况分析可知,YOLOv5 模型训练结果较为理想。

训练结束后,利用得到的权重参数模型对待检测目标样本进行检测,如图 7-33 所示。整体表现良好,目标定位准确,识别率较高。

在交并比阈值为 50% 的条件下,YOLOv5 网络的 mAP@0.5 为 99.78%。模型中,样本图像中面积占比大,目标被遮挡面积占比较小的部分准确率比较高,而样本图像中面积占

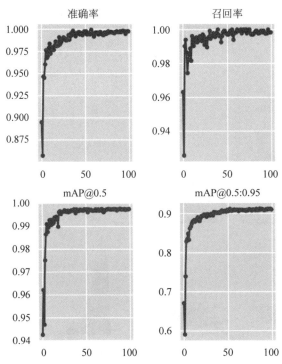

图 7-32　准确率、召回率、mAP@0.5 与 mAP@0.5:0.95 变化曲线图

图 7-33　YOLOv5 网络的识别效果图

比小、被遮挡面积占比超过 50% 的部分准确率较低。

　　将计算机主机和云台整套系统搬到户外进行测试。主机程序从云台摄像头获取视频流并调用 YOLOv5 正确识别出太阳能电池圆环,用图像解析算法解算出相对坐标位置,下发指令驱动云台打开白激光,照射太阳能电池圆环,实现自动识别跟踪。图 7-34(a)、(b)为云台跟踪无人机运动到不同位置,白激光照射不同角度;图 7-34(c)中图像居中框标记图像中心,另一移动框标记识别并锁定的目标。

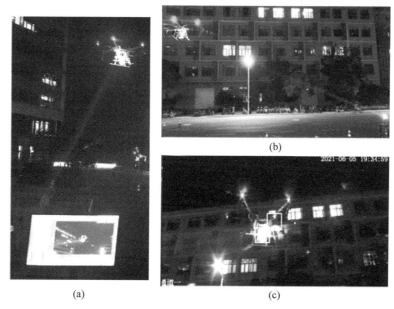

图 7-34 实测效果

(a)、(b) 不同角度照射效果;(c) 主机程序跟踪画面

7.4.7 项目代码

1. 获取视频

实时流传输协议(real time streaming protocol,RTSP)是一种应用层协议,主要用于控制多媒体数据的实时传输。

以下程序实现通过 ONVIF 协议传输控制信息,通过 RTSP 协议从摄像头中获取视频。

例程 7-3 ONVIF 控制

```python
import time
from onvif import ONVIFCamera
import cv2
class OnvifTPZ(object):
    def __init__(self, ip, default_res_url = "rtsp"):
        self.ip = ip
        self.count = "admin"
        self.password = "jl123456"    #摄像头密码
        self.mycam = ONVIFCamera(ip, 80, self.count, self.password)
        self.ptz = self.mycam.create_ptz_service()
        self.media = self.mycam.create_media_service()
        self.media_profile = self.media.GetProfiles()[0]
        self.token = self.media_profile.token

        if default_res_url == "rtsp":
            self.obj = self.media.create_type('GetStreamUri')
```

```
                self.obj.StreamSetup = {'Stream': 'RTP-Unicast', 'Transport': {'Protocol': 'RTSP'}}
                self.obj.ProfileToken = self.token
                self.res_uri = self.media.GetStreamUri(self.obj)['Uri']
            else:
                self.res_uri = default_res_url
            print(self.res_uri)
            self.cap = cv2.VideoCapture(self.res_uri)
            self.fps = int(self.cap.get(cv2.CAP_PROP_FPS))
            print("fps:", self.fps)
            self.size = (int(self.cap.get(cv2.CAP_PROP_FRAME_WIDTH)), int(self.cap.get(cv2.
CAP_PROP_FRAME_HEIGHT)))
            print("size:", self.size)
        def Stream(self, default_waitkey=1, default_media_record=False, default_snap_record=
False):
            if default_media_record:
                fourcc = cv2.VideoWriter_fourcc('M', 'P', '4', '2')
                outVideo = cv2.VideoWriter("./media/" + "{_time}.avi".format(_time=time.
strftime('%Y_%m_%d_%H_%M_%S',
time.localtime(
        time.time())))),
                                                fourcc, self.fps, self.size)
            if self.cap.isOpened():
                rval, frame = self.cap.read()
            else:
                return False
            tot = 1
            while rval:
                rval, frame = self.cap.read()
                cv2.imshow('media', frame)
                if default_snap_record:
                    cv2.imwrite("./cut/" + str(tot) + "{_time}.jpg".format(_time=time.
strftime('%Y_%m_%d_%H_%M_%S',
time.localtime(
time.time())))),
                                frame)
                tot += 1
                if default_media_record:
                    outVideo.write(frame)
                cv2.waitKey(default_waitkey)
            self.cap.release()
            if default_media_record:
                outVideo.release()
            cv2.destroyAllWindows()
        def Stop(self):
            self.ptz.Stop({'ProfileToken': self.media_profile.token})
        def AbsoluteMove(self, pantilt_x=0., pantilt_y=0., zoom_x=-1.):
            presets = self.ptz.GetPresets({'ProfileToken': self.media_profile.token})
            position = presets[0].PTZPosition
            position.PanTilt.x = pantilt_x
            position.PanTilt.y = pantilt_y
            position.Zoom.x = zoom_x
            self.ptz.AbsoluteMove({'ProfileToken': self.media_profile.token, "Position": position})
```

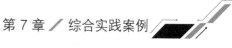

```
    def ContinuousMove(self, pantilt_x = 0., pantilt_y = 0., zoom_x = - 0., duration = 0.):
        Timeout = self.media_profile.PTZConfiguration.DefaultPTZTimeout
        PTZSpeed = self.media_profile.PTZConfiguration.DefaultPTZSpeed
        PTZSpeed.PanTilt.x = pantilt_x
        PTZSpeed.PanTilt.y = pantilt_y
        PTZSpeed.Zoom.x = zoom_x
        self.ptz.ContinuousMove({'ProfileToken': self.media_profile.token, "Velocity": PTZSpeed,
"Timeout": Timeout})
        if duration != 0:
            time.sleep(duration)
            self.Stop()


if __name__ == '__main__':
    MyOnvif = OnvifTPZ(ip = "192.168.1.108")
    MyOnvif.Stream(default_snap_record = False)
    MyOnvif.ContinuousMove()
```

2. YOLO 识别

以下程序实现多线程 YOLO 识别。

例程 7-4 YOLO 识别

```
import torch
from numpy import random
from models.experimental import attempt_load
from utils.datasets import letterbox
from utils.general import check_img_size, non_max_suppression, scale_coords
from utils.plots import plot_one_box
from utils.torch_utils import select_device, time_synchronized
import numpy as np

import cv2
from OnvifControl import OnvifTPZ
import threading
from utils.HoughLines import get_lines


frame = None
MyOnvif = OnvifTPZ("192.168.1.108")
aim_X = 0
aim_Y = 0
def VideoCapture():
    global frame
    video = cv2.VideoCapture(MyOnvif.res_uri)
    while True:
        ok, frame = video.read()
        if not ok:
            break

        cv2.waitKey(1)
def Yolov5Detect():
    global frame
    global aim_X, aim_Y
```

```
weights = "weights/best.pt"
imgsz = 640
# Initialize
device = select_device()
# Load model
model = attempt_load(weights, map_location = device)   # load FP32 model
stride = int(model.stride.max())                        # model stride
imgsz = check_img_size(imgsz, s = stride)               # check img_size
model.half()                                            # to FP16
# Get names and colors
names = model.module.names if hasattr(model, 'module') else model.names
colors = [[random.randint(0, 255) for _ in range(3)] for _ in names]
print_time = 0
msg_list = []
bias_list = []
tracks = []
while True:
    print_time = print_time + 1
    im0s = frame.copy()
    cv2.rectangle(im0s, (600, 320), (680, 400), (0, 255, 255), 3)
    img = [letterbox(frame, imgsz, auto = True, stride = stride)[0]]
    img = np.stack(img, 0)
    img = img[:, :, :, ::-1].transpose(0, 3, 1, 2)
    img = np.ascontiguousarray(img)
    img = torch.from_numpy(img).to(device)
    img = img.half()
    img /= 255.0
    time1 = time_synchronized()
    pred = model(img, augment = False)[0]
    pred = non_max_suppression(pred, 0.5, 0.5, agnostic = True)
    for i, det in enumerate(pred):
        if len(det):
            det[:, :4] = scale_coords(img.shape[2:], det[:, :4], im0s.shape).round()
            msg_list = det[:, :5][0].tolist()

            aim_X = (msg_list[2] + msg_list[0]) / 2 - 640
            aim_Y = 360 - (msg_list[3] + msg_list[1]) / 2

            for *xyxy, conf, cls in reversed(det):
                label = f'{names[int(cls)]} {conf:.2f}'
                plot_one_box(xyxy, im0s, label = label, color = colors[int(cls)], line_
thickness = 1)
        else:
            aim_X = 0
            aim_Y = 0
    try:
        DrawTracks(im0s, msg_list, tracks)
    except Exception as e:
        print(e)

    time2 = time_synchronized()
```

```
        try:
            yolo_length, yolo_distance, yolo_distance_message = GetYoloDistance(msg_list)
            hough_length, hough_distance, hough_distance_message = GetHoughDistance(im0s,
msg_list)

            if len(bias_list) < 20:
                bias_list.append(int(hough_length / 20 * 35))
            else:
                bias_list.pop(0)
                bias_list.append(int(hough_length / 20 * 35))
            bias_x = int(sum(bias_list) / len(bias_list) / 1.5)
            bias_y = 80
            aim_X = aim_X + bias_x
            aim_Y = aim_Y + bias_y
            cv2.rectangle(im0s, (600 - bias_x, 320 + bias_y), (680 - bias_x, 400 + bias_
y), (255, 255, 255), 3)
            if print_time % 100 == 0:
                message = f'(System) Location information     :: aim_X: {aim_X} aim_Y: {aim_
Y}  running time: '
                print(f'{message}({time2 - time1:.3f}s)')
                print(yolo_distance_message)
                print(hough_distance_message)
        except Exception as e:
            print(e)
        cv2.imshow("Yolov5_ED", im0s)
        cv2.waitKey(1)
def DrawTracks(im0s, msg_list, tracks):
    if len(tracks) < 30:
        tracks.append([(msg_list[0] + msg_list[2]) / 2, (msg_list[1] + msg_list[3]) / 2])
    else:
        tracks.pop(0)
        tracks.append([(msg_list[0] + msg_list[2]) / 2, (msg_list[1] + msg_list[3]) / 2])
    pts = np.array(tracks, np.int32)
    cv2.polylines(im0s, [pts], False, (255, 0, 255), thickness=8)
def GetYoloDistance(msg_list):
    try:
        yolo_length = msg_list[2] - msg_list[0]
        yolo_distance = 200 * 4.6 * 1280 / (4.8 * yolo_length)
        yolo_distance_message = f"(Information) Yolo Distance      :: length:{yolo_length}
  distance: {yolo_distance}"
        return yolo_length, yolo_distance, yolo_distance_message
    except Exception as e:
        print("!!! (Warning) Yolo Distance        ::", e)
def GetHoughDistance(im0s, msg_list):
    try:
        dst = frame[int(msg_list[1] - 2):int(msg_list[3] + 2), int(msg_list[0] - 2):int
(msg_list[2] + 2)]
        points = get_lines(dst)
        left = 0
        right = 0
        for point in points:
```

113

```
                cv2.circle(im0s, (point[0] + int(msg_list[0] - 2), point[1] + int(msg_list[1] -
2)), 1, (0, 255, 0), 4)
                if point[0] < (dst.shape[1] / 2):
                    left = left + point[0]
                else:
                    right = right + point[0]
            hough_length = (right - left) / 2
            hough_distance = 200 * 4.6 * 1280 / (4.8 * hough_length)
            hough_distance_message = f"(Information) Hough Distance      :: length:{hough_
length}  distance:{hough_distance}"
            return hough_length, hough_distance, hough_distance_message
        except Exception as e:
            print("!!! (Warning) Hough Distance      ::", e)
def Control():
    global aim_X, aim_Y
    while True:
        if (aim_X > -50) and (aim_X < 50) and (aim_X > -50) and (aim_X < 50):
            MyOnvif.Stop()
        else:
            if aim_X >= 0:
                flag_x = 1
            else:
                flag_x = -1
            if aim_Y >= 0:
                flag_y = 1
            else:
                flag_y = -1
            move_x = flag_x * abs(aim_X) ** 2 / 120000
            move_y = flag_y * abs(aim_Y) ** 2 / 120000
            if move_x > 1:
                move_x = 1
            elif move_x < -1:
                move_x = -1
            if move_y > 1:
                move_y = 1
            elif move_y < -1:
                move_y = -1
            if 0.01 < move_x < 0.1:
                move_x = 0.1
            elif -0.1 < move_x < -0.01:
                move_x = -0.1
            if 0.01 < move_y < 0.1:
                move_y = 0.1
            elif -0.1 < move_y < -0.01:
                move_y = -0.1
            MyOnvif.ContinuousMove(pantilt_x = move_x, pantilt_y = move_y)
#多线程
if __name__ == '__main__':
    t1 = threading.Thread(target = VideoCapture)
    t2 = threading.Thread(target = Yolov5Detect)
    t3 = threading.Thread(target = Control)
```

```
    t1.start()
    t2.start()
    t3.start()
```

3. 云台控制

以下程序实现云台运动控制。

例程 7-5 云台运动控制

```
import serial.rs485
import time
class RS485ControlTPZ(object):
    def __init__(self, com, frequency):
        self.ser = serial.Serial(com, frequency)
        self.ser.rs485_mode = serial.rs485.RS485Settings(rts_level_for_tx = True, rts_
level_for_rx = False, loopback = False,delay_before_tx = None, delay_before_rx = None, )

    def stop(self):
        self.ser.write(bytearray.fromhex('FF 01 00 00 00 00 01'))

    def OpenLight(self):
        self.ser.write(bytearray.fromhex('FF 01 00 09 00 02 0c'))

    def CloseLight(self):
        self.ser.write(bytearray.fromhex('FF 01 00 0b 00 02 0e'))

    def MoveLeft(self, duration = 0, x = 0):
        x = x % 36000
        if x < 0:
            x = x + 36000
        x = str(hex(x))[2:]

        x_all = ""
        for i in range(4 - len(x)):
            x_all = x_all + "0"
        x_all = x_all + x

        x_1 = x_all[:2]
        x_2 = x_all[2:]
        x_aim = hex(int('0x01', 16) + int('0x04', 16) + int('0x' + x_1, 16) + int('0x' +
x_2, 16))[2:]
        if len(x_aim) == 1:
            x_aim = "0" + x_aim
        elif len(x_aim) > 2:
            x_aim = x_aim[-2:]
        self.ser.write(bytearray.fromhex('FF 01 00 04 ' + x_1 + '' + x_2 + '' + x_aim))

        # self.ser.write(bytearray.fromhex('FF 01 00 04 00 80 85'))
        if duration != 0:
            time.sleep(duration)
            self.ser.write(bytearray.fromhex('FF 01 00 00 00 00 01'))
```

```python
    def MoveRight(self, duration = 0, x = 0):
        x = x % 36000
        if x < 0:
            x = x + 36000
        x = str(hex(x))[2:]
        x_all = ""
        for i in range(4 - len(x)):
            x_all = x_all + "0"
        x_all = x_all + x
        x_1 = x_all[:2]
        x_2 = x_all[2:]
        x_aim = hex(int('0x01', 16) + int('0x02', 16) + int('0x' + x_1, 16) + int('0x' +
x_2, 16))[2:]
        if len(x_aim) == 1:
            x_aim = "0" + x_aim
        elif len(x_aim) > 2:
            x_aim = x_aim[-2:]
        self.ser.write(bytearray.fromhex('FF 01 00 02 ' + x_1 + '' + x_2 + '' + x_aim))

        # self.ser.write(bytearray.fromhex('FF 01 00 02 00 80 83'))
        if duration != 0:
            time.sleep(duration)
            self.ser.write(bytearray.fromhex('FF 01 00 00 00 00 01'))

    def MoveUp(self, duration = 0, x = 0):
        x = x % 36000
        if x < 0:
            x = x + 36000

        x = str(hex(x))[2:]
        x_all = ""
        for i in range(4 - len(x)):
            x_all = x_all + "0"
        x_all = x_all + x
        x_1 = x_all[:2]
        x_2 = x_all[2:]
        x_aim = hex(int('0x01', 16) + int('0x08', 16) + int('0x' + x_1, 16) + int('0x' +
x_2, 16))[2:]
        if len(x_aim) == 1:
            x_aim = "0" + x_aim
        elif len(x_aim) > 2:
            x_aim = x_aim[-2:]
        self.ser.write(bytearray.fromhex('FF 01 00 08 ' + x_1 + '' + x_2 + '' + x_aim))

        # self.ser.write(bytearray.fromhex('FF 01 00 08 00 80 89'))
        if duration != 0:
            time.sleep(duration)
            self.ser.write(bytearray.fromhex('FF 01 00 00 00 00 01'))

    def MoveDown(self, duration = 0, x = 0):
        x = x % 36000
```

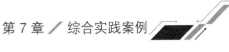

```
        if x < 0:
            x = x + 36000
        x = str(hex(x))[2:]
        x_all = ""
        for i in range(4 - len(x)):
            x_all = x_all + "0"
        x_all = x_all + x
        x_1 = x_all[:2]
        x_2 = x_all[2:]
        x_aim = hex(int('0x01', 16) + int('0x10', 16) + int('0x' + x_1, 16) + int('0x' +
x_2, 16))[2:]
        if len(x_aim) == 1:
            x_aim = "0" + x_aim
        elif len(x_aim) > 2:
            x_aim = x_aim[-2:]
        self.ser.write(bytearray.fromhex('FF 01 00 10 ' + x_1 + ' ' + x_2 + ' ' + x_aim))


        # self.ser.write(bytearray.fromhex('FF 01 00 10 00 80 91'))
        if duration != 0:
            time.sleep(duration)
            self.ser.write(bytearray.fromhex('FF 01 00 00 00 00 01'))


    def GoToPre(self):
        self.ser.write(bytearray.fromhex('FF 01 00 4B 00 00 4C'))
        self.ser.write(bytearray.fromhex('FF 01 00 4D 00 00 4E'))


    def CheckStatus(self):
        MyRS485.ser.write(bytearray.fromhex('FF 01 00 51 00 00 52'))
        time.sleep(0.1)
        len_return_data = MyRS485.ser.inWaiting()
        if len_return_data:
            return_data = MyRS485.ser.read(len_return_data)
            str_return_data = str(return_data.hex())
            feedback_data_x = int(str_return_data[-6:-2], 16)


        MyRS485.ser.write(bytearray.fromhex('FF 01 00 53 00 00 54'))
        time.sleep(0.1)
        len_return_data = MyRS485.ser.inWaiting()
        if len_return_data:
            return_data = MyRS485.ser.read(len_return_data)
            str_return_data = str(return_data.hex())
            feedback_data_y = int(str_return_data[-6:-2], 16)


        Feedback = "X: " + str(feedback_data_x) + "  Y: " + str(feedback_data_y)
        print(Feedback)
        return feedback_data_x, feedback_data_y


    def GoTo(self, x=0, y=0):
        x = x % 36000
        if x < 0:
```

```
                    x = x + 36000
            x = str(hex(x))[2:]
            x_all = ""
            for i in range(4 - len(x)):
                x_all = x_all + "0"
            x_all = x_all + x
            x_1 = x_all[:2]
            x_2 = x_all[2:]
            x_aim = hex(int('0x01', 16) + int('0x4B', 16) + int('0x' + x_1, 16) + int('0x' +
x_2, 16))[2:]
            if len(x_aim) == 1:
                x_aim = "0" + x_aim
            elif len(x_aim) > 2:
                x_aim = x_aim[-2:]
            self.ser.write(bytearray.fromhex('FF 01 00 4B ' + x_1 + ' ' + x_2 + ' ' + x_aim))

            y = y % 36000
            if y < 0:
                y = y + 36000
            y = str(hex(y))[2:]
            y_all = ""
            for i in range(4 - len(y)):
                y_all = y_all + "0"
            y_all = y_all + y
            y_1 = y_all[:2]
            y_2 = y_all[2:]
            y_aim = hex(int('0x01', 16) + int('0x4D', 16) + int('0x' + y_1, 16) + int('0x' +
y_2, 16))[2:]
            if len(y_aim) == 1:
                y_aim = "0" + y_aim
            elif len(y_aim) > 2:
                y_aim = y_aim[-2:]
            self.ser.write(bytearray.fromhex('FF 01 00 4D ' + y_1 + ' ' + y_2 + ' ' + y_aim))

    def Close(self):
        self.ser.close()


if __name__ == '__main__':
    MyRS485 = RS485ControlTPZ('com3', 2400)
    # MyRS485.OpenLight()
    MyRS485.CloseLight()
MyRS485.GoTo(x=15000, y=100)
```

7.4.8 项目总结

本项目提出白激光补光融合无线能量传输系统。创新设计了荧光陶瓷散热结构，实现约 60W 白激光灯具在 70℃ 高温环境下的稳定工作，中心光强超 600 万 cd。发光半角为 $1.8°$，实现光斑在目标上更均匀的覆盖。提出了基于 YOLOv5 的太阳能电池板识别跟踪架构。构建包含 7691 幅目标图像的数据集。YOLOv5 经过训练后，目标检测模型 mAP@0.5 达到 99.78%。测试表明,在 8.22m 范围内,60W 白激光能使太阳能电池环稳定驱动红色 LED 灯。户外测试表明,本系统在有路灯干扰的条件下实现了对移动目标的自动识别跟踪,对环境具有一定的鲁棒性。

7.5 风机叶片表面缺陷检测

7.5.1 项目背景

风力发电机的叶片在长期运行过程中不可避免地会受到各种外界环境因素的影响,如风蚀、雷击、结冰等,导致表面出现裂缝、剥落等多种形式的缺陷。

传统的巡检方式需要检修人员登上风力发电机组,耗时、耗力且存在安全风险。因此,利用风电叶片无人机挂载高清摄像头进行风机叶片巡检是一种更高效、更安全、更精确的选择。

7.5.2 缺陷种类

根据缺陷形成原因可分为如下 4 种缺陷,如图 7-35 所示。

 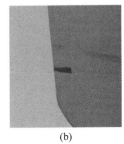  

   (a)   (b)   (c)   (d)

图 7-35 4 种缺陷

(a) 涂层腐蚀;(b) 修补脱落;(c) 长条裂纹;(d) 碰损

(1) 涂层腐蚀:风机叶片长期暴露于外部环境中,导致叶片表面出现颜色变化、裂纹、孔洞或脱落的涂层。

(2) 修补脱落:一般源于材料填充、加固或更换叶片部分材料留下的痕迹。

(3) 长条裂纹:叶片材料内部撕裂形成的一种缺陷,能够沿着材料的弱点扩展,从而破坏叶片结构的完整性。

(4) 碰损:源于环境因素(如风、雨、冰雹)、飞行物碰撞(如鸟)等。

7.5.3 扩充图像数据集

为提高数据集丰度,用图像处理的方式产生新的样本图像。

1. 图像翻转、旋转

如图 7-36 所示,对原始图像进行水平或垂直翻转,增加数据的多样性。

2. 亮度调整

调整过暗或曝光过度的图像,如图 7-37 所示。

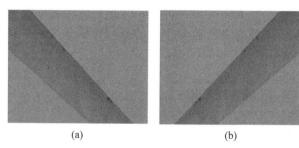

(a)   (b)

图 7-36 图像翻转

（a）原始图像；（b）水平翻转后的图像

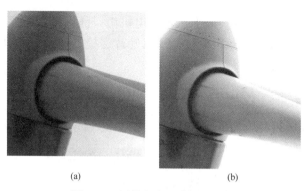

(a)   (b)

图 7-37 图像亮度调整前后对比

（a）原始图像；（b）亮度调整后的图像

3. 提高对比度

直方图均衡化是一种用于增强图像对比度的方法。通过重新分配图像的像素值，使图像的直方图变得更均匀，从而增强图像的局部对比度，如图 7-38、图 7-39 所示。

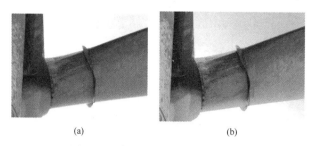

(a)   (b)

图 7-38 直方图均衡化提高对比度

（a）灰度化后的图像；（b）直方图均衡化后的图像

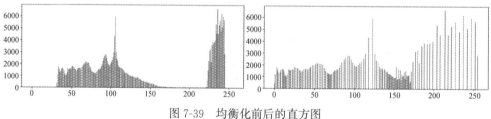

图 7-39 均衡化前后的直方图

7.5.4　YOLOv8 算法

Ultralytics 公司于 2023 年年初发布 YOLOv8 模型,相较于 2020 年发布的 YOLOv5 模型,YOLOv8 模型将 C3 模块(CSP Bottleneck with 3 convolutions)改进成 C2f 模块(CSP Bottleneck with 2 convolutions)。CBS(Convolutions Bn SiLU)模块由基础卷积(Conv)、批量归一化(BN)和激活函数(SiLU)组成。C2f 模块采用多分支流设计,可为模型提供更丰富的梯度信息,强化模型的特征提取能力,提高网络的学习效率。YOLOv8 的网络结构主要由骨干神经网络、颈部混合特征网络和检测头三部分构成。

7.5.5　YOLOv8 添加 ECA

注意力机制(attention mechanism)源于对人类视觉的研究。在认知科学中,由于信息处理的瓶颈,人类会选择性地关注信息的一部分,同时忽略其他可见的信息,上述机制通常被称为注意力机制。

高效通道注意力网络(efficient channel attention network,ECA-Net)是一种基于注意力机制的神经网络模型。该模块避免了降维操作,通过局部跨通道交互策略学习通道注意力。具体来说,给定通过全局平均池化获得的聚合特征,ECA 模块使用大小为 k 的快速一维卷积生成通道权重,其中 k 是由通道维度 c 自适应确定的,它表示局部跨通道交互的覆盖范围,即有多少个相邻通道参与了一个通道的注意力预测。这样可以在显著降低模型复杂度的同时保持较好的性能。

ECA-Net 通过高效的通道注意力机制,能够保持较低计算复杂度,同时有效提升风机叶片表面缺陷检测的性能。

在 YOLOv8 中添加 ECA 的步骤如下。

1. 复制 ECA 代码加入 modules.py

```
class ECAAttention(nn.Module):
    """Constructs a ECA module.
    Args:
        channel: Number of channels of the input feature map
        k_size: Adaptive selection of kernel size
    """

    def __init__(self, c1, k_size = 3):
        super(ECAAttention, self).__init__()
        self.avg_pool = nn.AdaptiveAvgPool2d(1)
        self.conv = nn.Conv1d(1, 1, kernel_size = k_size, padding = (k_size - 1) // 2, bias = False)
        self.sigmoid = nn.Sigmoid()

    def forward(self, x):
        # feature descriptor on the global spatial information
        y = self.avg_pool(x)
        y = self.conv(y.squeeze(-1).transpose(-1, -2)).transpose(-1, -2).unsqueeze(-1)
        # Multi - scale information fusion
        y = self.sigmoid(y)

        return x * y.expand_as(x)
```

2. 加入 tasks. py

```
from ultralytics.nn.modules import (C1, C2, C3, C3TR, SPP, SPPF, Bottleneck, BottleneckCSP,
C2f, C3Ghost, C3x, Classify, Concat, Conv, ConvTranspose, Detect, DWConv, DWConvTranspose2d,
Ensemble, Focus, GhostBottleneck, GhostConv, Segment, ECAAttention)
```

3. 修改 yolov8_ECAAttention. yaml

```
# Ultralytics YOLOv8, GPL - 3.0 license
# YOLOv8 object detection model with P3 - P5 outputs. For Usage examples see https://docs.
ultralytics.com/tasks/detect

# Parameters
nc: 80                      # number of classes
scales: # model compound scaling constants, i.e. 'model = yolov8n.yaml' will call yolov8.yaml
with scale 'n'
  # [depth, width, max_channels]
  n: [0.33, 0.25, 1024] # YOLOv8n summary: 225 layers,  3157200 parameters,  3157184
gradients,  8.9 GFLOPs
  s: [0.33, 0.50, 1024] # YOLOv8s summary: 225 layers, 11166560 parameters, 11166544
gradients,  28.8 GFLOPs
  m: [0.67, 0.75, 768] # YOLOv8m summary: 295 layers, 25902640 parameters, 25902624
gradients,  79.3 GFLOPs
  l: [1.00, 1.00, 512] # YOLOv8l summary: 365 layers, 43691520 parameters, 43691504
gradients, 165.7 GFLOPs
  x: [1.00, 1.25, 512] # YOLOv8x summary: 365 layers, 68229648 parameters, 68229632
gradients, 258.5 GFLOPs

# YOLOv8.0n backbone
backbone:
  # [from, repeats, module, args]
  - [-1, 1, Conv, [64, 3, 2]]        # 0 - P1/2
  - [-1, 1, Conv, [128, 3, 2]]       # 1 - P2/4
  - [-1, 3, C2f, [128, True]]
  - [-1, 1, Conv, [256, 3, 2]]       # 3 - P3/8
  - [-1, 6, C2f, [256, True]]
  - [-1, 1, Conv, [512, 3, 2]]       # 5 - P4/16
  - [-1, 6, C2f, [512, True]]
  - [-1, 1, Conv, [1024, 3, 2]]      # 7 - P5/32
  - [-1, 3, C2f, [1024, True]]
  - [-1, 1, SPPF, [1024, 5]]         # 9

# YOLOv8.0n head
head:
  - [-1, 1, nn.Upsample, [None, 2, 'nearest']]
  - [[-1, 6], 1, Concat, [1]]        # cat backbone P4
  - [-1, 3, C2f, [512]]              # 12

  - [-1, 1, nn.Upsample, [None, 2, 'nearest']]
  - [[-1, 4], 1, Concat, [1]]        # cat backbone P3
  - [-1, 3, C2f, [256]]              # 15 (P3/8 - small)
```

```
- [-1, 1, Conv, [256, 3, 2]]
- [[-1, 12], 1, Concat, [1]]          # cat head P4
- [-1, 3, C2f, [512]]                 # 18 (P4/16 - medium)

- [-1, 1, Conv, [512, 3, 2]]
- [[-1, 9], 1, Concat, [1]]           # cat head P5
- [-1, 3, C2f, [1024]]                # 21 (P5/32 - large)
- [-1, 1, ECAAttention, [1024]]

- [[15, 18, 22], 1, Detect, [nc]]     # Detect(P3, P4, P5)
```

4. 修改默认参数

修改 ultralytics/yolo/cfg/default. yaml 文件中的"-model"默认参数,在"-model"后面加上刚创建好的 yolov8- ECAAttention. yaml 文件的路径,或者直接使用指令,随后就可以训练网络模型了。

7.5.6　检测效果

使用 YOLOv8 模型在自建数据集上进行训练和测试,部分结果如图 7-40 所示。从图 7-40(a)中可见,模型成果检测出了裂纹缺陷,且无论是较小裂纹还是长裂纹,检测框的定位都比较准确。从图 7-40(b)中可以看出,模型检测出了修补缺陷且置信度达到 0.83。

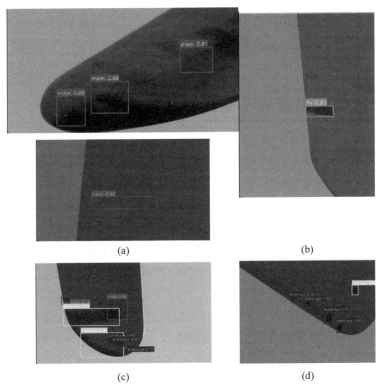

图 7-40　YOLOv8 在自建数据集上的部分检测结果

(a) 较小裂纹和长裂纹缺陷;(b) 修补缺陷;(c) 多个裂纹、破损、腐蚀缺陷;(d) 多个破损和裂纹缺陷

从图 7-40(c)中可以看出,当风机叶片上同时存在多种缺陷时,模型依然具备比较准确的定位识别功能,且置信度保持在 0.75 以上。从图 7-40(d)中可以看出,对于不同大小的缺陷,模型的识别和定位能力依旧可观。总体上看,YOLOv8 模型对该风机叶片缺陷数据集的检测结果定位较准确,置信度保持在 0.8 左右,检测能力较强。

如表 7-1 所示,改进后的 YOLOv8l 模型的 mAP 为 83.9%,可以在风电场的应用场景中保质完成检测作业。

表 7-1　缺陷检测的 mAP 对比

缺陷类型	YOLOv8l	ECA-YOLOv8l
涂层腐蚀	60.3	71.6
碰损	78.1	88.2
长条裂纹	81.2	90.0
修补脱落	99.1	99.3
mAP/%	79.8	83.9

ECA-net 的策略可使模型通过通道注意力机制有效增强,捕捉到更多细节,涂层腐蚀及碰损缺陷的 mAP 值提升超过 10%。

7.5.7　项目总结

本项目介绍了如何扩充图像数据集,还介绍了如何改进目前热门的 YOLOv8 方法,以提高叶片缺陷检测精度。对于同类型的项目是一个很好的参考(本内容来源于科研团队学生硕士论文)。

7.6　基于视觉的光通信平衡码编解码设计

7.6.1　项目背景

VLC(visible light communication)定位技术是无线通信技术中极具发展潜力和应用前景的技术,特别是在个人、室内和移动无线通信环境中的应用成本低廉,并且信号衰减、多径效应及设备异质性等问题优于 Wi-Fi。具有频谱不需要授权、可同时用于照明与通信、通信安全可靠、对人眼具有高度安全性、无电磁干扰等优点。S. Rajagopal 等[9]提到 VLC 技术在 LED 调制技术方面的灵活性,这种灵活性使 VLC 可以兼顾照明和通信,特别是在需要严格隐私保护和防止电磁干扰的环境中。

Matheus 等[10]提到不同频率的 LED 用作接收器时效率不同,在某些特定 LED 灯光场景中会受到限制。另一项研究介绍了高效率的变字长颜色编码与解码技术,该技术在 VLC 室内定位系统中展示了潜力,虽然在编码效率上具有优势,但限制了灯具种类。一些文献引入随机森林和多层感知机等智能算法以改进 VLC 定位系统。马玉磊等[14]提出一种基于卷积神经网络的可见光通信系统室内三维定位方法,平均定位时间为 0.478 秒。对于移动用户,会感到明显卡顿。

本项目采用 LED 编码和移动设备摄像头解码,采用普通家用单色光源,以增强系统的灵活性及其在各种环境中的适用性。项目开发了一种专为小型 LED 灯具定制的 VLC 编码策略,该策略不仅优化了编码空间,还融合了深度学习模型与图像信号处理算法,确保数据传输的高精度和稳定性。这项创新的编码技术有望为小型 LED 灯具在室内精确定位领域的应用带来重要突破。

7.6.2 光通信平衡码编解码方法

1. 光通信平衡码编码定义

一种新型的长度为 38 位的光通信平衡码,其自定义 VLC 编码构成如图 7-41 所示。

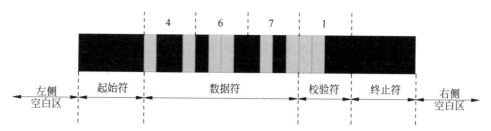

图 7-41　自定义 VLC 编码构成

该编码系统由以下 5 个关键部分构成,如表 7-2 所示。

表 7-2　自定义 VLC 编码符号构成

符号构成	左侧空白区	起始符	数据符	校验符	终止符	右侧空白区
位数	6	5	12	4	5	6

（1）左、右侧空白区：左侧空白区,首先是一个 6 位的串联"0"序列,即"000000",它提供必要的前导空间,以便解码设备能够有效地定位编码序列的起始点。

右侧空白区,编码的最后是一个与左侧空白区相同的 6 位"0"序列,即"000000"。这部分提供后续空间,确保编码序列在完成后有足够的后缀空白区域,有助于解码设备正确识别编码的结束部分。

（2）起始符：此部分由 5 个连续的"1"构成,即"11111",它清晰地标识编码序列的开始,确保解码器可以无误地分辨编码信息的起始界限。

（3）数据符：起始符之后是编码的核心部分,它将 3 个十进制数字转换为一个 12 位的二进制序列。这种转换遵循特定的规则,其中每个十进制数映射到一个 4 位的二进制数。这 12 位的组合对编码系统中要传递的主要信息进行编码。

（4）校验符：数据符后一位为校验符,其十进制数与三位十进制数的数据符可以通过一系列的计算验证解码得到的数据是否能够通过校验。

（5）终止符：与起始符结构相同,终止符也由 5 个连续的"1"构成,即"11111"。它标志着数据符部分的结束,并为解码过程提供一个明确的结束信号。

整个编码结构在其开始和结束处设置明确的界定符号及中间的数据符,以提供精确的信息传递,这样的设计旨在优化编码的可读性和准确性。编码规则如表 7-3 所示。

表 7-3　自定义 VLC 编码的数字编码规则

十进制数字	数据符表示	十进制数字	数据符表示
0	0010	5	1000
1	0011	6	1001
2	0100	7	1010
3	0101	8	1011
4	0110	9	1100

以十进制数"4671"为例：

参考表 7-3，可以得到"4671"的数据表示，将这些二进制数字串连起来，并在前后添加起始帧和结束帧，编码为

000000 11111 0110 1001 1010 0011 11111 000000

这个编码共有 6+5+4+4+4+4+5+6＝38 位。

2. 编码设计策略

1）避免编码冲突的策略

本研究设计的编码系统中，特别选用连续 5 个"1"（11111）作为起始符和终止符，以明确标示编码的起始点与结束点。为确保这些标记符号的独特性和识别的准确性，我们定义的数据符的编码规则确保不会出现 5 个连续的"1"。此外，编码序列的左右两侧分别设置由 6 个连续的"0"（000000）构成的空白区，这些空白区为编码提供必要的边界空间，确保起始符和终止符不会与数据符混淆，从而保障后续定位和解码过程的稳定性与可靠性。

2）兼顾照明和通信的平衡性

在光通信平衡码编、解码系统中，数据位的"1"代表 LED 灯的开启（发光），而"0"代表 LED 灯的关闭（不发光）。如果一个编码序列中的 1 和 0 数量相差较大，那么在数据传输时 LED 灯的开关状态会有较大变化，这会导致明显的光强度变化，从而产生闪烁效应。

为了兼顾照明和通信的需求，在编码设计中特别注重 0 和 1 的平衡，以减少光源的频繁闪烁，并确保光通信的连续性与用户的视觉舒适性。具体来说，在编码周期内调整了 0 和 1 的比例，力求实现接近 1∶1 的平衡。通过使用 Python 脚本枚举所有可能的编码组合，并计算出所有编码中 0 和 1 的总比值，最终达到了 0.84 的 0-1 平衡比。这种平衡不仅有助于减少光信号对视觉的干扰，还能提高数据传输的稳定性。

3）数据符的灵活性

中心部分的数据符是本编码系统最关键的组成部分，它能够根据所需表达的信息量灵活调整长度。例如，对于需表达的信息量较少的情况（如少于 4 位的十进制数字），数据符的位数可以相应减少，这样不仅缩短了整个编码的长度，还有效提高了数据处理的效率。而对于编码超过 4 位的十进制数字，数据符的位数可以增加，以便容纳更多的信息。

3. 校验符计算与验证

本研究采用模 10 算法进行校验，在发送数据符时，需要计算出其校验符，将数据符与校验符结合后进行发送。

校验符的计算方法以数据符"467"为例，见表 7-4。

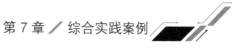

表 7-4 校验符计算

数据	4	6	7	X
偶位×2	8	6	14	X
两位数相加	8	6	5	X
和		19		X
模 10 并用 10 相减		1		X

其中,前三位"467"为数据符,末尾"1"为校验符。校验符是经过计算得出的,计算校验码需要以下步骤。

(1) 在数据末尾添加"X",假设"X"为"467"的校验符。以校验符"X"为首位,从右至左,处于偶数位的数字乘以 2。

(2) 除校验符"X"外,大于 9 的数字的个位与十位相加,如 14,即 1+4=5。

(3) 数字相加得到和为 19,取模 10 得到结果为 9,最后用 10 减去结果,得到最终的校验符为"1"。

接收方接收到发送的信号,并解码得到数据后,需要对其进行校验,校验方法以"4671"为例,见表 7-5。

表 7-5 校验符验证

数据	4	6	7	1
偶位×2	8	6	14	1
两位数相加	8	6	5	1
和		20		
模 10		0		

其中,前三位"467"为数据符,末尾"1"为校验符,计算校验码需要以下步骤。

(1) 以校验符"1"为首位,从右至左,处于偶数位的数字乘以 2。

(2) 两位数字的个位与十位相加,如 14,即 1+4=5。

(3) 数字相加得到和为 20,取模 10 得到结果为 0,即代表校验通过。反之,若得到的结果不为 0,则代表校验不通过。

4. 解码总体方法

图像处理完成后,最后的关键步骤是将编码图像解码为能够识别的信息。条纹解码需要确定每个条纹的颜色,即该条纹代表 1 还是 0。

由于本研究中除去左、右侧空区,编码周期被定义为 26 位(起始符+终止符+数据符),因此需要将整个编码区纵向平均分为 26 份。首先计算出整个编码区的总宽度,然后使用算术平均法平均分配宽度到每个条纹。计算公式如下:

$$W_{\text{total}} = W_{\text{end}} - W_{\text{start}} \tag{7-1}$$

其中,W_{total} 表示编码区域的总宽度,因此通过 W_{end} 最后一位编码位置和 W_{start} 首位编码位置的差值获得总宽。

$$W_{\text{avg}} = \frac{W_{\text{total}}}{26} \tag{7-2}$$

其中,W_{avg} 表示每位编码的平均宽度,用编码区域总宽度除以编码位数,得到每位编码的平均宽度。

5. 解码容错

在获得编码平均宽度、等分完整编码区后,对每个分区计算黑色和白色像素点的数量。定义 N_{black} 为黑色像素点的数量,N_{white} 为白色像素点的数量。如果一个条纹中黑色像素点多于白色像素点,则认为这个条纹代表的是 1;反之,如果白色像素点多于黑色像素点,则认为这个条纹代表的是 0。计算公式如下:

$$b_i = \begin{cases} 1, & N_{\text{black}} > N_{\text{white}} \\ 0, & \text{其他} \end{cases} \tag{7-3}$$

其中,b_i 表示第 i 个条纹分区的二进制值。从左到右依次将每个条纹的二进制值(1 或 0)拼接起来,形成一个完整的 26 位二进制编码串 $b_1 b_2 \cdots b_{26}$,这个编码串是从图像中提取的编码信息的直接表示,可用于进一步的解码。起始符 $b_1 \sim b_5$ 和终止符 $b_{22} \sim b_{26}$ 为 5 个 1,中间 $b_6 \sim b_{21}$ 的 16 位为数据符,4 位为一组,一共 4 组,根据自定义编码规则,将其转换为 4 个十进制的数字。

7.6.3 YOLOv8 识别定位

1. 识别方法

(1) 数据采集:本研究中采集了一系列由 LED 灯发出的自定义 VLC 编码图像,手机摄像头曝光时间设置为 1/4000,iso 设置为 25,采集的图像如图 7-42 所示,类似于条形码的

视觉表示。这些编码通过程序烧录和循环播放方式在 LED 灯上实现。利用手机摄像头在不同环境下对这些编码进行连续拍摄,以获得多样化的数据集,确保模型能够学习到编码的完整周期。

(2) 数据标注:使用 labelme 标注工具对采集的图像进行精细标注。标注过程中,明确指出编码周期的具体位置,同时标记一些模型可能难以区分的样本。这些难样本被归类为负样本,用于提高模型在实际场景中的判别能力,尤其是在编码周期不明显或受到光照变化、遮挡等环境因素干扰时。

(3) 模型训练:选择 YOLOv8 模型作为本研究的主要检测算法,因其在实时性和准确度上有优越表现。模型训练使用 1200 幅经过标注的图像,并在 200 个 epochs 内完成。在训练过程中,采用 Cosine Decay 的

图 7-42 手机摄像头采集的原始图像

学习率衰减方法和正则化技术,防止过拟合。同时,为了提升模型的泛化能力,引入了数据增强方法,包括缩放和剪切。

2. 实测识别效果

YOLOv8 模型通过 200 个 epochs 训练之后,在测试集上的 mAP 达到 0.93,定位一个自定义 VLC 编码的完整周期时,平均耗时为 25ms,定位的图像如图 7-43 所示,从而充分证明了视觉算法对自定义 VLC 编码周期的定位能力,并且能够在不同角度条件下维持高水

平的定位精度,证明了所选数据标注策略的准确性,以及采用训练方法的有效性。40fps 的
图像处理速度显示了其在高速定位应用场景中的巨大潜力。

彩图 7-43

图 7-43　YOLO 识别定位的图像

7.6.4　图像处理解码

1. 图像预处理

在 YOLOv8 模型捕获到一个完整周期的自定义 VLC 编码图像之后,进行一系列的图
像预处理操作,以便更准确地提取编码信息。

在图像预处理阶段,首先将采集的彩色图像转换为灰度图像,如图 7-44 所示,以简化后
续处理过程。接着,为增强图像中的特征边缘,进行一系列的图像滤波操作,包括使用高斯
模糊去除噪点、应用一个自定义的锐化滤波器强化边缘,以进一步清晰化灯光编码的边界。

图 7-44　灰度图像

去噪后的图像如图 7-45 所示,这对于提高后续特征提取的准确性至关重要。

图 7-45　去噪后的图像

图像经过上述处理后,需要将灰度图像转换为二值图像以简化后续处理步骤。Otsu 算
法是一种自动阈值选择的图像二值化技术,其核心思想是通过最小化类内方差或等效地最
大化类间方差确定最佳阈值。

Otsu 算法基于图像的直方图计算阈值。对于给定的灰度图像,首先计算其像素值的直

方图和相应的归一化直方图,其中归一化直方图的每个值代表某个灰度级在图像中出现的概率。Otsu 二值化处理后的图像如图 7-46 所示。

图 7-46　二值化处理后的图像

2. 霍夫直线检测

为得到下一步透视变换需要的 4 组对应点,需要对图像进行霍夫变换直线检测。

首先,霍夫变换直线检测流程从对原始图像 $I(x,y)$ 进行边缘检测开始。使用 Canny 边缘检测算法可以高效地识别图像中的边缘。该步骤输出一个边缘图像 $E(x,y)$,其中边缘点的像素值设为 1,$E(x,y)=1$;反之则为 0。

接下来,初始化一个二维累加器 $A(r,\theta)=0$,用于记录每个 r 和 θ 组合的投票数。在霍夫变换中,r 表示直线到原点的距离,θ 是直线与 x 轴正方向之间的角度,通常范围为 $[0,\pi)$。累加器的构建是将图像空间的信息转换到参数空间的关键过程。

对于边缘图像 $E(x,y)$ 中的每个边缘点 (x,y),如果 $E(x,y)=1$,则该点对所有可能的 θ 值进行投票。对于每个 θ,计算对应的 r 如下:

$$r = x\cos\theta + y\sin\theta \tag{7-4}$$

然后在累加器 $A(r,\theta)$ 中相应的位置增加计数。这一步骤是霍夫变换的核心,通过它将图像的边缘信息映射到参数空间。

在累加器 $A(r,\theta)$ 中寻找超过预设阈值 T 的元素,这些元素表示的 (r,θ) 即对应图像中的直线。通过设定合适的阈值,可以有效地筛选出显著的直线,减少噪声的干扰。

根据找到的每对 (r,θ),在原始图像中绘制对应的直线,可以使用参数方程 $x = r\cos\theta - y\sin\theta$ 绘制。如果需要将其转换为更常见的直线形式 $y = mx + b$,则可以从参数 r 和 θ 中解析出斜率 m 和截距 b。

例如,一个边缘点 (x_0,y_0) 在某一角度 θ_0 下的 r 值计算如下:

$$r_0 = x_0\cos\theta_0 + y_0\sin\theta_0 \tag{7-5}$$

随后,累加器在 (r_0,θ_0) 处的值增加 1,表示该位置获得一个投票。

通过这个过程,霍夫变换将图像空间中的直线检测问题转化为参数空间中的峰值检测问题。这种方法的优势在于,即使图像中的直线被遮挡或只部分可见,也能够有效地检测到完整的直线,从而大幅提高图像分析的准确性和可靠性。直线检测处理后的图像如图 7-47 所示。

图 7-47　直线检测处理后的图像

3. 透视变换

透视变换是计算机视觉和图像处理中的一种几何变换技术,它允许在图像平面上模拟三维视角的变换。这种变换可以描述为一个从二维坐标到另一二维坐标的映射,实现方式是对坐标点进行透视分割。透视变换需要 4 个点在原始图像上的坐标及其在目标图像上的对应坐标。根据直线检测获得结果可以计算出 4 组原始图像和目标图像之间的对应关系,并使用这些点计算透视变换矩阵。

透视变换通过一个 3×3 的非奇异矩阵 $\boldsymbol{M}$ 表达,该矩阵的元素编码了从原始图像到目标图像的映射关系。任意一个点 (x, y) 在原始图像中通过透视变换矩阵 $\boldsymbol{M}$ 转换到新图像中的点 (x', y'),可以表示为

$$\boldsymbol{M} \begin{bmatrix} x \\ y \\ 1 \end{bmatrix} = \begin{bmatrix} x' \\ y' \\ w' \end{bmatrix} \tag{7-6}$$

其中,$\boldsymbol{M}$ 是透视变换矩阵,定义为

$$\boldsymbol{M} = \begin{bmatrix} m_{11} & m_{12} & m_{13} \\ m_{21} & m_{22} & m_{23} \\ m_{31} & m_{32} & m_{33} \end{bmatrix} \tag{7-7}$$

(x', y') 是通过对三维齐次坐标 (x', y', w') 进行归一化得到的,即 $\left(\dfrac{x'}{w'}, \dfrac{y'}{w'}\right)$。

在透视变换中,w' 是齐次坐标系中的第三坐标,它是实现从三维到二维映射的关键。在齐次坐标系中,任何一个二维点 (x, y) 可以表示为 (w_x, w_y, w),其中 w 是非零的,用于保持转换前后的比例关系。通过 w',可以考虑透视效果中的深度变化,使图像更真实。

透视变换矩阵 $\boldsymbol{M}$ 的求解通常基于至少 4 对已知的点对 (x_i, y_i) 和 (x'_i, y'_i) $(i = 1, 2, 3, 4)$。求解过程包括设置一个线性方程组,其中每个点对提供两个方程:

$$\begin{aligned} x_i m_{11} + y_i m_{12} + m_{13} - x'_i m_{31} x_i - x'_i m_{32} y_i = x'_i w' \\ x_i m_{21} + y_i m_{22} + m_{23} - y'_i m_{31} x_i - y'_i m_{32} y_i = y'_i w' \end{aligned} \tag{7-8}$$

这个方程组可以重组为一个八维线性系统 $Am = b$。其中,m 是包含矩阵 $\boldsymbol{M}$ 元素的向量,而 A 和 b 根据上述方程构建。

计算得到透视变换矩阵 $\boldsymbol{M}$ 后,遍历原始图像的每个像素点,对原始图像中的每个像素点 (x, y) 应用变换矩阵 $\boldsymbol{M}$,得到新的像素坐标 (x', y') 并映射到目标图像的相应位置。由于变换过程中可能出现非整数的像素位置,需要对坐标进行整数化处理和边界检查,确保像素落在新图像的有效范围内。

通过透视变换的图像如图 7-48 所示。为解码过程创建了标准化的视图,如图 7-49 所示。

图 7-48 通过透视变换的图像

图 7-49 标准化的视图

此序列中的每 4 位二进制数对应一个数字,通过自定义 VLC 编码系统的编码字典将这些二进制数映射为相应的数字。这些数字最终按顺序组合,形成原始编码信息的解码并输出。

综上,整个图像处理和解码耗时 0.343s(MAC 系统),如图 7-50 所示。

图 7-50　图像处理和解码耗时

同理,对不同数值的编码进行实验,结合上文得到的 YOLO 定位平均时间,得到平均总耗时约为 0.3s,对比马玉磊提出方法的平均定位时间 0.478s,本方案效率提升约 38%。

我们提出的方案有效地结合了计算机视觉技术和信号处理理论,对灯光编码的解码具有显著的准确性和鲁棒性。本研究不仅提高了光编码信息的解码效率,同时为相关领域的研究提供了新的思路和技术支持。

7.6.5　项目代码

例程 7-6　图像校正

```
import cv2
import numpy as np
import warnings
import time
warnings.filterwarnings("ignore")
# 记录开始时间(以秒为单位)
start_time = time.time()
    # 定义将倾斜图像校正垂直
def rotate_to_vertical(image):
    # 灰度化
    gray = cv2.cvtColor(image, cv2.COLOR_BGR2GRAY)

    # 创建锐化滤波器
    sharpen_filter = np.array([[-1, -1, -1],
                               [-1, 9, -1],
                               [-1, -1, -1]])

    # 定义膨胀和腐蚀的内核大小
    kernel_size = 3
    kernel = np.ones((kernel_size, kernel_size), np.uint8)
    sharpened_image = gray
    # 应用高斯模糊和锐化滤波器循环
    for _ in range(1):
        sharpened_image = cv2.GaussianBlur(sharpened_image, (7, 7), 0)
        sharpened_image = cv2.filter2D(sharpened_image, -1, sharpen_filter)
        # 腐蚀操作
        sharpened_image = cv2.erode(sharpened_image, kernel, iterations=1)
        # 膨胀操作
```

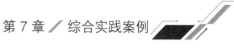

```
        sharpened_image = cv2.dilate(sharpened_image, kernel, iterations = 1)
    # 显示原始图像和锐化后的图像
    # # 应用自适应阈值
    # binary = cv2.adaptiveThreshold(sharpened_image, 255, cv2.ADAPTIVE_THRESH_GAUSSIAN_
C, cv2.THRESH_BINARY,
    #                                          31, 2)
    _, binary = cv2.threshold(sharpened_image, 0, 255, cv2.THRESH_BINARY + cv2.THRESH_OTSU)
    # 边缘检测
    edges = cv2.Canny(binary, 50, 150)
    # 直线检测
    lines = cv2.HoughLinesP(edges, 2, np.pi / 180, threshold = 30, minLineLength = 50,
maxLineGap = 5)

    # 计算边缘的角度均值
    angles = []
    for line in lines:
        x1, y1, x2, y2 = line[0]
        cv2.line(image, (x1, y1), (x2, y2), (0, 0, 255), 1) # 在原始图像上绘制直线,颜色为红
# 色,线宽为 2
        angle = np.arctan2(y2 - y1, x2 - x1) * 180 / np.pi
        angles.append(angle)
    if np.mean(angles) < 0:
        angles = -np.abs(angles)
    else:
        angles = np.abs(angles)
    mean_angle = np.mean(angles)

    # 进行透视变换
    height, width = image.shape[:2]
    # 根据左上角坐标和 mean_angle 计算与图像底部相交点的坐标
    x4 = height / np.tan(np.deg2rad(mean_angle))
    y4 = height
    # 根据右上角坐标和 mean_angle 计算与图像底部相交点的坐标
    x3 = (height + np.tan(np.deg2rad(mean_angle)) * width) / np.tan(np.deg2rad(mean_angle))
    y3 = height

    # 设置原始图像中的 4 个点(这些点应该是图像上的几何变形区域)
    pts_src = np.array([[0, 0], [width, 0], [x3, y3], [x4, y4]])

    # 设置目标图像中的点,通常是一个矩形,用于矫正变形
    pts_dst = np.array([[0, 0], [width, 0], [width, height], [0, height]])

    pts_src = np.array([[0, 0], [width, 0], [x3, y3], [x4, y4]], dtype = np.float32)
    pts_dst = np.array([[0, 0], [width, 0], [width, height], [0, height]], dtype = np.float32)

    # 计算透视变换矩阵
    M = cv2.getPerspectiveTransform(pts_src, pts_dst)

    # 假设白色像素点的灰度值为 255
    binary[binary == 255] = 220
    # 将所有黑色像素点的灰度值设置为 1
```

```
    # 假设黑色像素点的灰度值为 0
    binary[binary == 0] = 5

    # 应用透视变换
    binary = cv2.warpPerspective(binary, M, (width, height))
    binary[binary == 0] = 225
    binary[binary == 220] = 225
    binary[binary == 5] = 0
    return binary

# 加载图像
image = cv2.imread('img_44.png', cv2.IMREAD_COLOR)
# 旋转图像到垂直方向
rotated_image = rotate_to_vertical(image)

a = []
  # 定义判定黑白函数
def black_or_white(img):
    # 遍历每一列
    for col in range(img.shape[1]):
        # 统计黑色像素点数量
        black_pixels = np.sum(img[:, col] == 0)
        white_pixels = np.sum(img[:, col] != 0)

        # 根据黑色像素点数量决定这一列的颜色
        if black_pixels > white_pixels:
            img[:, col] = 0                        # 黑色
            a.append(1)
        else:
            img[:, col] = 255                      # 白色
            a.append(0)
  # 判定黑白
black_or_white(rotated_image)

# 去除首位的空白部分
while (a[0] == 0):
    a.pop(0)
while (a[-1] == 0):
    a.pop()
# print(a)
# print(len(a))

# 准备解码
from scipy.interpolate import interp1d
# 将列表 a 转换为 numpy 数组
a = np.array(a)
# 获取 a 的长度
old_len = len(a)
# 找到比 old_len 大的 67 的最小倍数
new_len = np.ceil(old_len / 26) * 26
new_len = int(new_len)
```

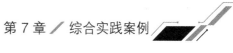

```
# 创建一个位于[0, old_len-1]的等差数列
old_indices = np.linspace(0, old_len - 1, old_len)
# 创建一个位于[0, new_len-1]的等差数列
new_indices = np.linspace(0, old_len - 1, new_len)
# 使用 interp1d 函数创建一个插值函数
f = interp1d(old_indices, a, kind = 'linear')
# 使用插值函数得到新的二进制序列
new_a = f(new_indices)
# 因为插值可能得到非 0 和 1 的值,所以需要对新的二进制序列进行四舍五入,并将其转换为 int 类型
new_a = np.round(new_a).astype(int)
# 打印新的二进制序列
# print(new_a)


import numpy as np
from scipy.stats import mode
from scipy.ndimage import binary_dilation, binary_erosion


reshaped_new_a = new_a.reshape( -1, len(new_a) // 26) # 将 new_a 重塑为(a/67)列的二维数组
# 计算每个一维数组的标准差
std_devs = np.std(reshaped_new_a, axis = 1)


# 计算标准差的平均值
mean_std_dev = np.mean(std_devs)


# 初始化平均标准差
prev_mean_std_dev = mean_std_dev


# 初始化保存上一次膨胀的数组
prev_dilated_new_a = new_a


xx = 0
while (xx != 0):
    xx -= 1
    # 对一维数组进行腐蚀
    dilated_new_a = binary_erosion(prev_dilated_new_a, structure = np.ones((3,))).astype(int)

    # 对膨胀后的数组进行重塑
    reshaped_new_a = dilated_new_a.reshape( -1, len(dilated_new_a) // 26)   # 将 new_a 重塑
# 为(a/67)列的二维数组

    # 计算每个一维数组的标准差
    std_devs = np.std(reshaped_new_a, axis = 1)

    # 计算标准差的平均值
    mean_std_dev = np.mean(std_devs)

    # 如果平均标准差增大,则停止循环
    # if mean_std_dev > = prev_mean_std_dev:
    #      break

    # 更新平均标准差
```

```
        prev_mean_std_dev = mean_std_dev

        # 更新保存的数组
        prev_dilated_new_a = dilated_new_a

reshaped_new_a = prev_dilated_new_a.reshape(-1, len(prev_dilated_new_a) // 26) # 将 new_a
# 重塑为(a/67)列的二维数组
# 使用 mode 函数找到每个组的众数,并将其赋给每个组

voted_new_a = mode(reshaped_new_a, axis=1)[0] # mode 函数返回一个元组,包含众数和计数,我
# 们只需要众数
#
# # 将二维数组扁平化为一维数组
voted_new_a = voted_new_a.flatten()

voted_new_a = list(voted_new_a)

encoding_left = {
    '0010': 0, '0011': 1, '0100': 2, '0101': 3, '0110': 4,
    '1000': 5, '1001': 6, '1010': 7, '1011': 8, '1100': 9
}
voted_new_a.reverse()
print("二进制编码串: ", voted_new_a)
# 解码中间部分
decoded_numbers = []
for i in range(5, len(voted_new_a) - 5, 4):      # 跳过头尾的 head 部分
    # 提取4位数字编码
    binary_code = ''.join(str(bit) for bit in voted_new_a[i:i + 4])
    # 根据字典解码
    if binary_code in encoding_left:
        decoded_number = encoding_left[binary_code]
        decoded_numbers.append(decoded_number)
    else:
        print(f"无法解码的4位数字: {binary_code}")
        decoded_numbers.append("N")

# 输出解码后的数字列表
print("解码后的十进制数据:", decoded_numbers)

# 定义校验函数
def luhn_check(numbers):
    # 反转数字列表,因为 Luhn 算法是从卡号的最后一位开始处理
    numbers = numbers[::-1]
    total_sum = 0

    # 遍历数字,使用 enumerate 获取索引和数字
    for index, num in enumerate(numbers):
        if (index + 1) % 2 == 0:
            # 偶数位置的数字(从1开始计数,因此使用索引+1),加倍
            doubled = num * 2
            # 如果加倍后的数字大于9,则减去9
```

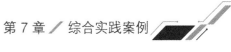

```
            if doubled > 9:
                doubled -= 9
            total_sum += doubled
        else:
            # 奇数位置的数字直接加至总和
            total_sum += num

    # 检验总和是否能被 10 整除
    return total_sum % 10 == 0

if luhn_check(decoded_numbers):
    print("校验通过")
# 记录结束时间并计算差值
end_time = time.time()
elapsed_time = (end_time - start_time) * 1000# 转换为毫秒
print(f"程序运行耗时: {elapsed_time} 毫秒")
```

例程 7-7 YOLO 运行

```
yolo predict model = "D:\文件\pythonproject\test_project\yolov8_sample_mine\runs\detect\
train\weights\best.pt"
source = "D:\文件\pythonproject\test_project\yolov8_sample_mine\data\images\frame_1053.jpg"
```

7.6.6 项目总结

本项目根据可见光通信技术在室内定位和数据传输中的应用效率以及部署范围的需求,提出了一种新的光通信平衡码编解码系统。测试证明,使用基于 YOLOv8 算法的图像识别系统能够快速、准确地识别和解析 LED 灯发出的编码信号,其定位解码的平均用时约为 0.3s(MAC 系统),为目前已知文献公开的最短时间,大幅提升了定位系统实时性能。进一步地,本项目以传输 4 个十进制数为例,也可以扩充为多个。

参考文献

[1] 章毓晋. 计算机视觉教程[M]. 北京：人民邮电出版社，2021.

[2] WANG Q, WU B, ZHU P, et al. ECA-Net：Efficient Channel Attention for Deep Convolutional Neural Net works[C]. Proceedings of the IEEE Conference on Computer Vision and Pattern Recognition (CVPR). USA：IEEE, 2020：11534-11542.

[3] 王晓琦. 基于深度学习的风机叶片表面缺陷检测研究[D]. 上海：上海工程技术大学，2024.

[4] BRIEN D C O, ZENG L, LE-MINH H, et al. Visible light communications：Challenges and possibilities[C]. 2008 IEEE 19th International Symposium on Personal, Indoor and Mobile Radio Communications. Cannes, France：IEEE, 2008.

[5] LUAN X. Visible Light Communication Coding Method Based on EAN-8[C]. 2020 8th International Conference on Orange Technology (ICOT). Korea：IEEE, 2020.

[6] SSEKIDDE P, EYOBU O S, HAN D S, et al. Augmented CWT Features for Deep Learning-Based Indoor Localization Using WiFi RSSI Data[J]. Applied Sciences, 2021, 11(4)：1806.

[7] UDVARY E. Visible Light Communication Survey[J]. Infocommunications Journal, 2019, 1(2)：22-31.

[8] 秦欢欢, 程欣欣, 柯熙政. 可见光 LED 通信研究进展[J]. 照明工程学报，2024, 35(1)：50-69.

[9] RAJAGOPAL S, ROBERTS R D, LIM S K. IEEE 802. 15. 7 visible light communication：modulation schemes and dimming support[J]. IEEE Communications Magazine, 2012, 50(3)：72-82.

[10] MATHEUS L, PIRES L, BORGES A, et al. The internet of light impact of colors in LED-to-LED visible light communication systems[J]. Internet Technology Letters, 2019, 2(1)：e78.

[11] 栾新源. 高效率的变字长颜色编码与解码技术[J]. 单片机与嵌入式系统应用，2017, 17(9)：13-18.

[12] SUROSO D J, RUDIANTO A S H, ARIFIN M, et al. Random Forest and Interpolation Techniques for Fingerprint-based Indoor Positioning System in Un-ideal Environment[J]. IJCDS Journal, 2021, 10(1)：701-713.

[13] MAHMOUD A A, AHMAD Z U, HAAS O C L, et al. Precision in-door three-dimensional visible light positioning using receiver diversity and multilayer perceptron neural network[J]. IET Optoelectronics, 2020, 14(6)：440-446.

[14] 马玉磊, 张兵. 基于深度学习的可见光通信系统室内三维定位[J]. 光学技术，2024, 50(2)：201-208.

[15] 栾新源, 白晨, 胡梦婷, 等. 白激光补光融合无线能量传输系统设计[J]. 应用激光，2023, 43(8)：176-182.